高职高专计算机专业“十二五”规划教材

数据库应用项目化教程

主　编　孙振坤　沈雯漪

副主编　张丽芬

西安电子科技大学出版社

内 容 简 介

本书以工程项目为主线，通过几个典型案例介绍了数据库从创建、开发到管理的过程，提供了具体的操作步骤。

本书适合作为高职高专院校工科各专业数据库技术课程的教材，也可以作为数据库技术爱好者的参考书或SQL Server 2005的培训教材。

图书在版编目(CIP)数据

数据库应用项目化教程/孙振坤，沈雯漪主编. —西安：西安电子科技大学出版社，2013.3

高职高专计算机专业“十二五”规划教材

ISBN 978-7-5606-3019-9

Ⅰ. ① 数…　Ⅱ. ① 孙…　② 沈…　Ⅲ. ① 关系数据库—高等职业教育—教材　Ⅳ. ① TP311.138

中国版本图书馆CIP数据核字(2013)第023815号

策　　划　秦志峰

责任编辑　胡华霖　秦志峰

出版发行　西安电子科技大学出版社(西安市太白南路2号)

电　　话　(029)88242885　88201467　　邮　　编　710071

网　　址　www.xduph.com　　电子邮箱　xdupfxb001@163.com

经　　销　新华书店

印刷单位　西安文化彩印厂

版　　次　2013年3月第1版　2013年3月第1次印刷

开　　本　787毫米×1092毫米　1/16　印　张　10.5

字　　数　242千字

印　　数　1～3000册

定　　价　17.00元

ISBN 978-7-5606-3019-9/TP

XDUP 3311001-1

前　言

数据库技术产生于 20 世纪 60 年代末。经过多年的发展，数据库技术已经从一种专门的计算机应用技术发展成现代计算环境的一个核心部分。数据库技术是目前 IT 行业中发展最快的领域之一，特别是随着 Internet 的发展以及网络技术、信息技术的融合与发展，数据库技术获得了更多的应用。因此了解并掌握数据库知识已经成为对各类科技人员和管理人员的基本要求。

Microsoft SQL Server 2005 是一个全面的数据库平台，它使用集成的商业智能工具，提供了企业级的数据管理。Microsoft SQL Server 2005 数据库引擎为关系型数据和结构化数据提供了更安全可靠的存储功能，可以构建和管理用于各种业务的高可用和高性能的数据应用程序。

本书作为高职高专数据库技术的教材，在适度的基础知识和鲜明的结构体系覆盖下，注意了各部分知识的联系，重点突出，难度适中；考虑到高职高专院校的特点和实际情况，基于项目化对数据库技术进行组织，精选五大案例来涵盖数据库技术的基本知识面。

本书共分为五个项目，具体内容如下：

项目一，认识数据库，掌握其安装过程，认识图书管理数据库，了解关系数据库和数据表的结构；项目二，学生信息管理数据库，通过创建学生信息管理数据库，学会使用 SQL Server 2005 进行数据库、数据表及视图的开发；项目三，小区物业管理数据库，通过创建小区物业管理数据库，学会使用 T-SQL 命令创建、管理数据表和查询数据；项目四，商品进销存管理数据库，掌握商品进销存管理数据库的日常管理；项目五，酒店管理系统的开发，掌握酒店管理系统的完整开发过程。

本书的特色：

(1) 针对高职学生特点设计教材内容，精心设计数据库管理系统实例，以数据库管理系统开发为主线，以 TSQL 命令为基础，以各类中小型数据库开发实例为项目专题；

(2) 针对“教学做”一体化教学模式设计教材体例，特别设立“融会贯通”模块，帮助学生举一反三；

(3) 教材内容信息量大，实践环节多采用图和表的方式，重点部分予以标记，易于理解，便于操作；

(4) 教材难易安排适当，条理清楚，每个项目细分为多个子任务，强调基本方法、基本技术，便于自学。

本书由孙振坤、沈雯漪任主编，张丽芬任副主编。其中，张丽芬编写了项目一，孙振坤编写了项目二和项目三，沈雯漪编写了项目四和项目五，全书由孙振坤统稿。

由于编者水平有限，书中难免存在不足之处，恳请广大读者不吝指正。

编者

2012 年 10月

目　　录

项目一 认识数据库

1.1 相关知识

1.1.1 基本概念

在数据库技术中，常常碰到 DB、DBMS、DBS 等基本术语，我们先了解它们的基本含义。

1．数据(Data)

数据是用来描述客观事物特征和特性的符号。

例如，一个学生的各种特征，他的学号、姓名、电话、住址等信息需要用文字或数字记录，他的相貌可以用图片存档，甚至声音都可以用音频文件记录。

2．数据库(Database，DB)

数据库是以一定组织方式存储在一起的、统一管理的相关数据的集合。

例如，一个学校有几千甚至上万名的学生需要将其数据进行存储管理，如此多的数据资源就可以统一存放在一个数据库中，以方便操作或查询。

从定义可以看出，数据库存储的不仅仅包括数据本身，而且还包括相关数据之间的联系。数据库的数据也不只面向某个特定的应用，而是可以被多个用户、多个应用程序共享。

例如，一个学校建立一个数据库存放所有学生的各种信息，学校的各部门都可以根据自己的需要共享其中的部分或全部数据，不用再分别单独存储，这大大减少了数据的冗余。而且因为数据之间是有联系的，故对数据不能随意进行增加、删除、修改等操作，以保证数据在操作和维护过程中的正确无误，这就是数据的完整性。

3．数据库管理系统(Database Management System，DBMS)

数据库管理系统是对数据库进行管理的软件。

对数据库的所有管理，包括定义、查询、更新和各种运行都需要通过 DBMS 实现。DBMS 介于应用程序与数据库之间，接受和完成访问数据库的各种请求。在 DBMS 支持下的数据库和应用程序的关系如图 1-1 所示。

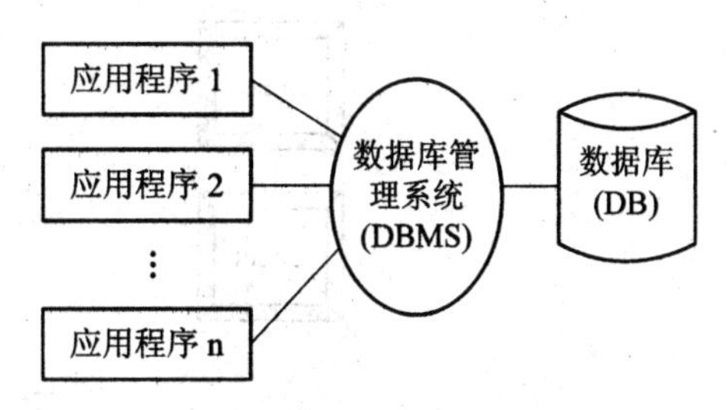

图 1-1 数据库和应用程序的关系

4．数据库系统(Database System，DBS)

数据库系统是指引进数据库技术后的整个计算机系统，主要由计算机硬件系统、软件系统、数据库和用户等部分组成。

(1) 计算机硬件系统是存储数据库及运行 DBMS 等软件的硬件资源，主要包括主机、存储设备、I/O 通道等。

(2) 软件系统包括操作系统、DBMS、高级语言、应用开发工具软件和应用程序等。

(3) 数据库中的数据是以文件的形式存储在计算机中的。

(4) 用户指管理、开发、使用数据库系统的所有人员，通常包括数据库管理员(Database Administrator，DBA)、应用程序员和最终用户。其中 DBA 为灵魂人物，对数据库进行全局控制。

1.1.2　数据库系统外部体系结构

一个完整的数据库应用系统既包括用来实现各种数据处理操作的 DBMS，又包括用程序设计语言开发的程序，还包括提供给用户的可视化的图形操作界面这三个部分。依据各部分存储位置的不同，数据库系统的外部体系结构可分为单机结构、C/S 结构和 B/S 结构等。

1. 单机结构

单机结构是一种比较简单的数据库系统结构。在单机结构的系统中，整个数据库系统包括应用程序、DBMS 和数据库全都存放在一台计算机上。这种数据库系统也称为桌面系统。因为所有功能都只存放在单机上，仅能被一个用户独占，所以只适合于个人用户、未联网用户等。但因为运行在本地机，故单机结构系统数据的处理速度最快，占用系统资源少。

桌面型数据库管理系统有 Visual FoxPro 和 Access 等。

2. C/S(Client/Server)结构

Client 指客户端程序，Server 指服务器程序，C/S 结构如图 1-2 所示。Server 程序一般存放在高性能的 PC、工作站或小型机上，是专门的数据库管理系统。客户端程序则是指在用户的电脑上安装的专用客户端软件，用来访问服务器中的数据。这种结构大大方便了多用户操作，允许多个客户端同时访问同一个服务器里的数据。但因为每台客户端都需要安装专门的软件，所以无论是软件的安装量还是软件的升级与维护都比较麻烦。

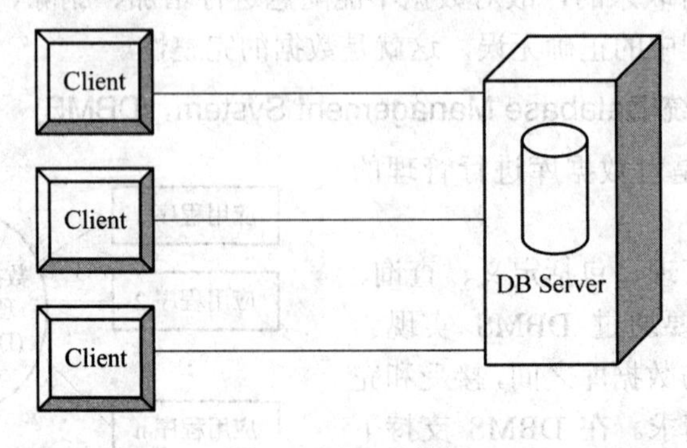

图 1-2　C/S 结构图

这种结构的典型例子就是QQ软件。若想看到QQ里的信息，电脑上就必须安装QQ软件的客户端。假如该客户端软件升级了，如推出了2012版，若想使用新版本，就只能重新下载客户端并安装。PPLive、阿里旺旺或是MSN等软件均属于C/S结构。

3. B/S(Browser/Server)结构

Browser指浏览器，Server指服务器软件，B/S结构如图1-3所示。这种结构的数据库系统，用户不用再安装专门的软件，只要使用浏览器如Netscape Navigator或Internet Explorer，就可以同服务器里的数据库进行交互，而且不用进行客户端的维护，系统扩展也非常容易。

现在的网上论坛均采用这种结构。如果某论坛想更换新界面，只要重新设计网页文件即可，用户端不需要做任何更新操作，用浏览器打开就能看到新的界面了。

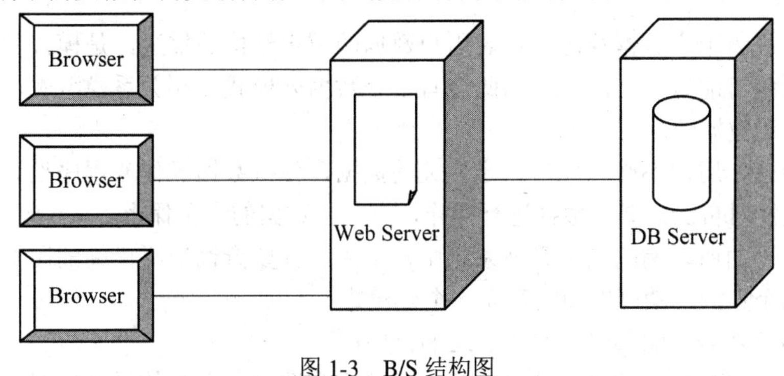

图1-3 B/S结构图

1.1.3 数据库系统内部体系结构

数据库中的数据会经常发生改变，如某人的职称由副教授改为教授，但用户都不希望数据的逻辑结构发生变化，否则应用程序就需要重写。为了更加有效地组织和管理数据，提高数据的独立性，美国ANSI/X3/SPARC的数据库管理系统研究小组于1975年和1978年分别提出了标准化建议，将数据库结构分为三级模式和两级映像，如图1-4所示。

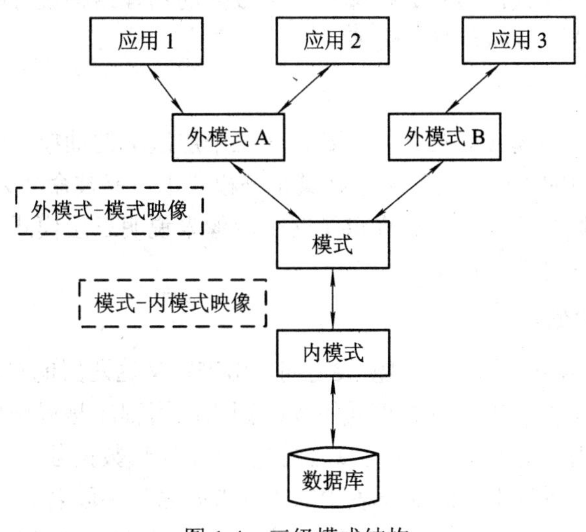

图1-4 三级模式结构

1. 模式

模式是对数据库中全部数据的整体逻辑结构的描述。例如，数据记录的组成、数据项的类型、数据间的联系、数据的完整性和安全性等。模式是依赖于某种数据模型的，数据模型主要有层次型、网状型和关系型三种。本书全部采用关系型模型。

假设一个图书管理系统采用关系数据模型进行设计，即数据以表的形式存放：

存放图书数据的表：Book(图书号，标题，作者，价格，ISBN)；

存放读者数据的表：Reader(读者号，读者姓名，借阅标记，E-mail)；

存放借书数据的表：Borrow(图书号，读者号，借阅日期，归还日期)。

括号里的是组成表的字段。这三张表就组成了该数据库的模式。

2. 外模式

外模式也称为用户数据视图，是对用户数据的逻辑结构的描述，是模式的一个子集。一个数据库系统可能有多个用户，因此会有多个数据外模式。在关系模型中，外模式也是以表的形式显示数据的。

使用外模式，用户不必考虑与自己无关的数据，使得数据操作或程序设计大大简化。同时，用户只能对自己需要的数据进行操作，有利于数据的安全保密。

例如，在上面所举例的图书管理系统中，某用户仅要查询他所借阅的图书的作者以及还书时间这几个数据，就可以为它建立一个外模式：

查询 1　(读者号，图书号，作者，还书日期)

又如，某管理员想了解借阅信息，同时要能看到图书和读者的详细情况，可以建立一个外模式：

查询 2　(图书号，标题，作者，读者号，读者姓名，E-mail)

两个外模式的数据都已存在于数据库中，因此不必再重新单独建立，只需从数据库的模式中取出相关匹配的数据即可。

3. 内模式

内模式也称为物理模式，是对数据库中全部数据的物理结构进行的描述。如数据在磁盘上的存储方式、存储设备和存取方法等。

4. 两级映像

数据库系统中的三级模式其实是同一数据在三个层次上的抽象，但各层的数据结构有可能不一致。如模式中的“读者号”字段在某个外模式中可能被命名为“读者代码”，但数据是一致的。因此数据库体系结构又提供了两个映像来说明三层模式之间的对应性，即外模式-模式映像和模式-内模式映像。

5. 外模式-模式映像

外模式-模式映像存在于外模式和模式之间，用来定义这两层的对应性。当模式发生改变时，可以通过修改该映像来保持外模式不变。因为应用程序是根据外模式设计的，也就意味着模式的变动不需要修改应用程序。这样就实现了逻辑数据独立性。

例如，在图书管理系统中，Reader 表中的“读者姓名”字段名更改为“姓名”，对于用户所看到的外模式如查询 2，只要修改外模式-模式映像，重新对应字段即可，不必重新去建立外模式，更不用修改应用程序。

6. 模式-内模式映像

模式-内模式映像存在于模式和内模式之间，用来定义这两层的对应性。当内模式需要更改，比如改变数据存储位置或改变存储设备等时，可以通过修改该映像使模式不发生变化，也就不需要修改应用程序。这样就实现了物理数据独立性。

例如，本来存放在D盘上的数据库，移动到E盘上，内模式发生了变化。只要修改模式-内模式映像，重新对应数据即可。

逻辑数据独立性与物理数据独立性，统称为数据独立，也就是数据与应用程序之间彼此独立。应用程序不必随着数据结构的变动而改变，这是数据库的一个最基本的优点。

1.1.4 Microsoft SQL Server 2005

1. Microsoft SQL Server 2005 简介

Microsoft SQL Server是由美国微软公司推出的关系型数据库，内置语言是由美国标准局(ANSI)和国际标准化组织(ISO)所定义的 SQL 语言(微软公司对它进行了部分扩充而成为Transact-SQL)。Microsoft SQL Server是一个全面的、集成的、端到端的数据解决方案，它为组织中的用户提供了一个更安全可靠和更高效的平台用于企业数据和BI应用。Microsoft SQL Server 2005功能强大，并且降低了在从移动设备到企业数据系统的多平台上创建、部署、管理和使用企业数据和分析应用程序的复杂性。通过全面的功能集、与现有系统的互操作性以及对日常任务的自动化管理能力，Microsoft SQL Server 2005为不同规模的企业提供了完整的数据解决方案。

2. Microsoft SQL Server 2005 版本介绍

对于初学者，电脑上应该安装哪个版本的SQL Server 2005是较常见的问题，下面简述SQL Server 2005的几个常见版本。

1) SQL Server 2005 Enterprise Edition(企业版)

SQL Server 2005 Enterprise Edition 达到了支持超大型企业进行联机事务处理 (OLTP)、高度复杂的数据分析、数据仓库系统和网站所需的性能水平，它是最全面的 SQL Server 版本，是超大型企业的理想选择，能够满足最复杂的要求。

企业版只能安装在Windows 2003 Server或其他Server系统上。

2) SQL Server 2005 Developer Edition(开发版)

SQL Server 2005 Developer Edition 使开发人员可以在 SQL Server 上生成任何类型的应用程序。它包括SQL Server 2005 Enterprise Edition 的所有功能，但有许可限制，只能用于开发和测试系统，而不能用做生产服务器。Developer Edition 可以根据生产需要升级至SQL Server 2005 Enterprise Edition。

开发版可以安装在Windows XP系统上，建议初学者安装此版本。

3) SQL Server 2005 Express Edition(仅适用于32位的简易版)

SQL Server 2005 Express Edition是一个免费、易用且便于管理的数据库。SQL Server Express 与 Microsoft Visual Studio 2005 集成在一起，利用它们可以轻松开发功能丰富、存储安全、可快速部署的数据驱动应用程序。SQL Server 2005 Express Edition软件可以直接从微软网站上免费下载，但是它支持的内存比较少，主要是它缺少 Management Studio。

注：简易版本在 Windows 7 系统上安装时需要 SP3 以上版本。

1.1.5 认识 SQL Server 2005 系统数据库

在 SQL Server 系统中，存放系统信息的数据库称为系统数据库。成功安装 SQL Server 2005 后，系统会自动建立 4 个系统数据库，即 master、model、tempdb 和 msdb。下面将简述这 4 个系统数据库。

1. master 数据库

master 数据库主要用于记录 SQL Server 系统中所有的系统级信息，包括登录账户、系统配置和设置、服务器中数据库的名称、相关信息和这些数据库文件的位置以及 SQL Server 初始化信息等。一旦 master 数据库不可用，SQL Server 也将无法启动，所以要经常对 master 数据库进行备份，以防不测。

2. model 数据库

model 数据库是建立新数据库的模板。在系统建立新数据库时，它会复制这个模板数据库的内容到新的数据库中。由于所有新建立的数据库都是继承这个 model 数据库而来的，因此，如果向 model 数据库添加对象，则后面建立的数据库也都会包含该变动。

3. tempdb 数据库

tempdb 数据库是一个临时性的数据库，用于存放所有临时对象，例如表、存储过程、表变量或游标等。启动 SQL Server 时，系统将会创建一个新的 tempdb 数据库。一旦关闭 SQL Server，tempdb 数据库保存的内容将会自动消失。

4. msdb 数据库

msdb 系统数据库是提供 SQL Server 代理服务的数据库。 SQL Server 代理使用 msdb 数据库来计划警报和作业两项功能，SQL Server Management Studio、Service Broker 和数据库邮件等其他功能也使用该数据库。

1.1.6 认识 SQL Server 2005 数据库常用对象

1. 表

表是由行和列构成的集合，用于存储数据。每列称为一个字段，每列的标题称为字段名，一行数据称为一个或一条记录。一个数据库表由一条或多条记录组成。

2. 视图

视图是由表或其他视图导出的虚拟表。具体内容参见本书 2.1.3。

3. 索引

索引是为数据快速检索提供支持且可以保证数据唯一性的辅助数据结构。

4. 主键

主键(primary key)是表中一列或多列的组合，用于唯一标识表中的一行记录。每张表有且只能有一个主键。

5. 存储过程

存储过程是存放于服务器的、为完成某特定功能而预先编译好的一组 SQL 语句。

6. 触发器

触发器是一种特殊的存储过程，当用户表中数据改变时，触发器将被自动执行。具体内容详见本书项目四。

1.2 项目实践

任务 1-1 安装 Microsoft SQL Server 2005 开发版

任务分析

本任务的目标是在 Windows XP 系统中安装 Microsoft SQL Server 2005 开发版。开发版使开发人员能够在 32 位和 X64 平台的基础上建立和测试任意一种基于 SQL Server 的应用系统。它包括企业版的所有功能，但只被授权用于开发和测试系统，不能作为生产服务器。安装的前提是机器中已安装好 IIS。

步骤

(1) 开始安装时弹出安装向导，如图 1-5 所示，选择“安装”下的“服务器组件、工具、联机丛书和示例(C)”。

图 1-5 安装向导

(2) 如图 1-6 所示，弹出安装许可协议，勾选“我接受许可条款和条件(A)”，点击“下一步(N)”按钮。

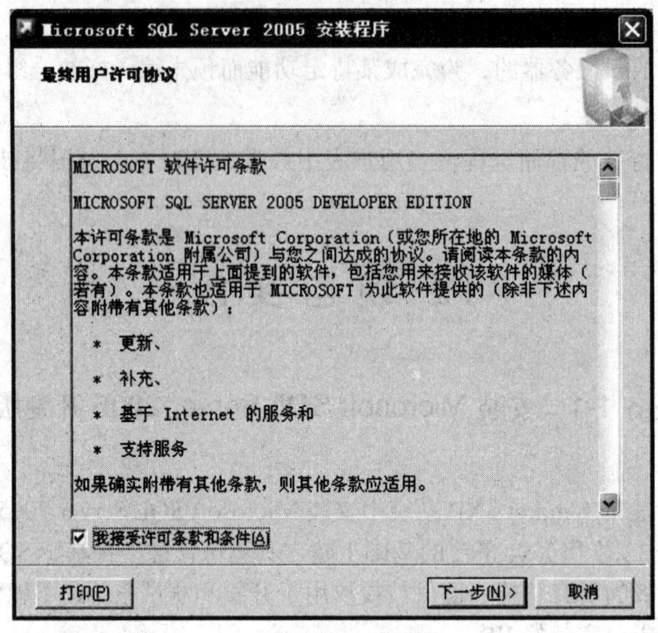

图 1-6　安装许可协议

(3) 安装组件。这一步根据电脑的配置会出现不同的选项，如图 1-7 所示，SQL Server 2005 需要 .NET Framework 2.0 框架的支持。如果已安装 Visual Studio 2008，就不需要再安装 .NET Framework 2.0 和 .NET Framework 2.0 语言包。SQL Server 2005 组件安装完成后点击“下一步(N)”按钮。

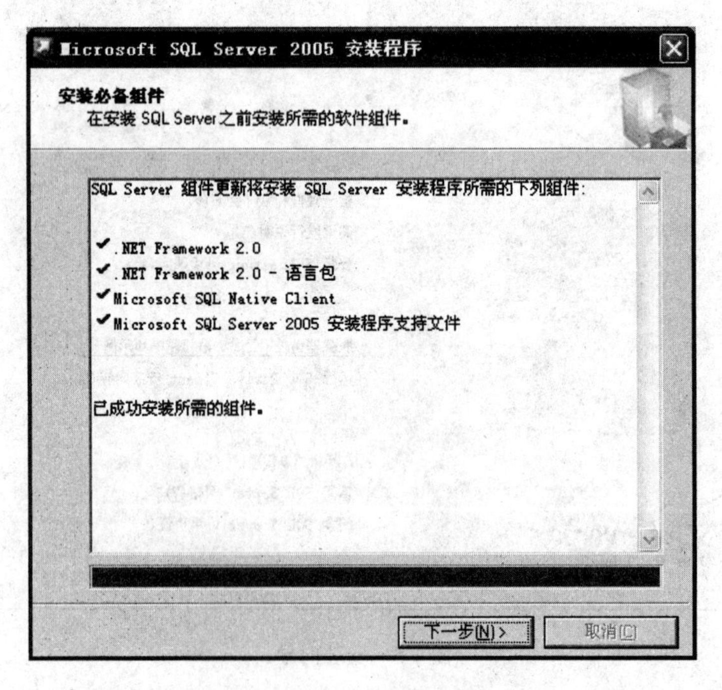

图 1-7　安装组件

(4) 进入 SQL Server 2005 安装程序阶段，选择“下一步(N)”按钮。

(5) 系统配置检查，如图 1-8 所示。这里如果有警告或者是错误的话，建议不要继续安装，解决问题后再重新安装。全部成功后点击“下一步(N)”按钮。

图 1-8　系统配置检查

(6) 如图 1-9 所示，勾选需要安装的组件，然后点击“下一步(N)”按钮。

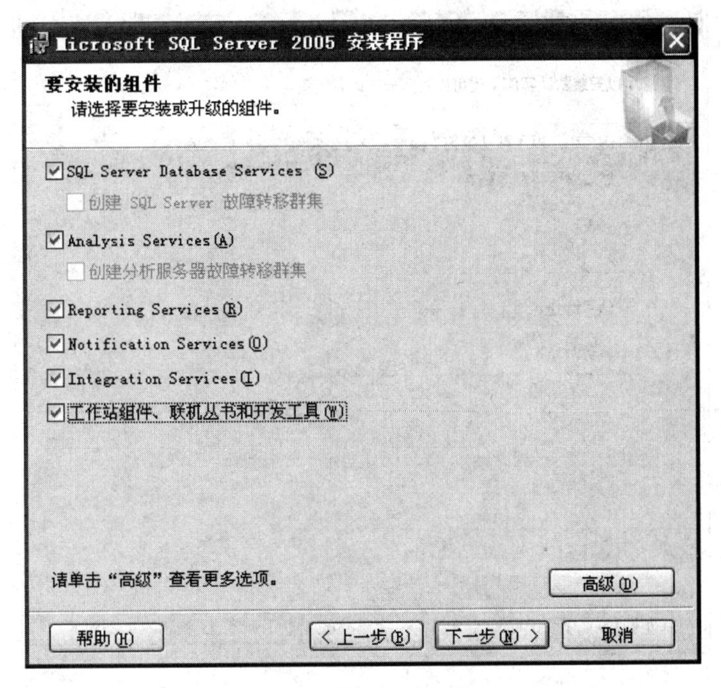

图 1-9　选择安装组件

(7) 选择安装的功能和路径，如图 1-10 所示。继续点击“下一步(N)”按钮。

图 1-10 功能选择

(8) 设置实例名，如图 1-11 所示。一般选择“默认实例(D)”，继续点击“下一步(N)”按钮。如果电脑中还装有 SQL Server 2000，建议自己命名实例。

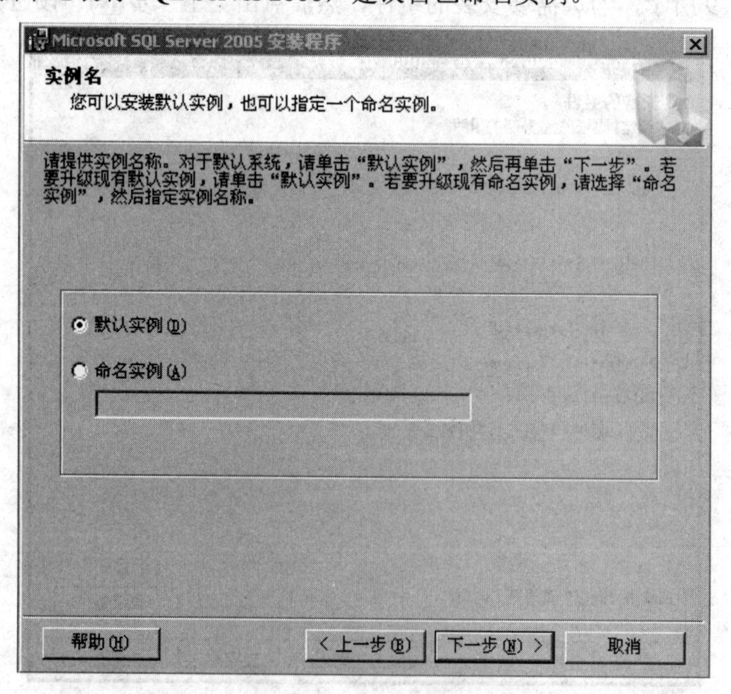

图 1-11 设置实例名

(9) 定义账户，如图 1-12 所示。在“使用内置系统账户(Y)”后面的下拉框中选择“本地系统”，点击“下一步(N)”按钮。

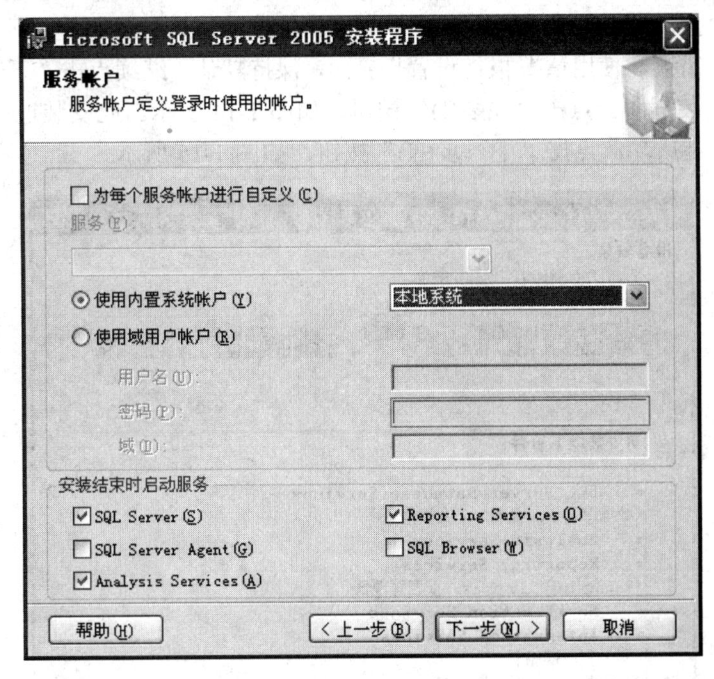

图 1-12 定义账户

(10) 选择身份验证模式。本书后续的设置都是基于此步骤选择的混合模式(Windows 身份验证和 SQL Server 身份验证)。为用户 sa 设置密码，如图 1-13 所示，点击“下一步(N)”按钮。

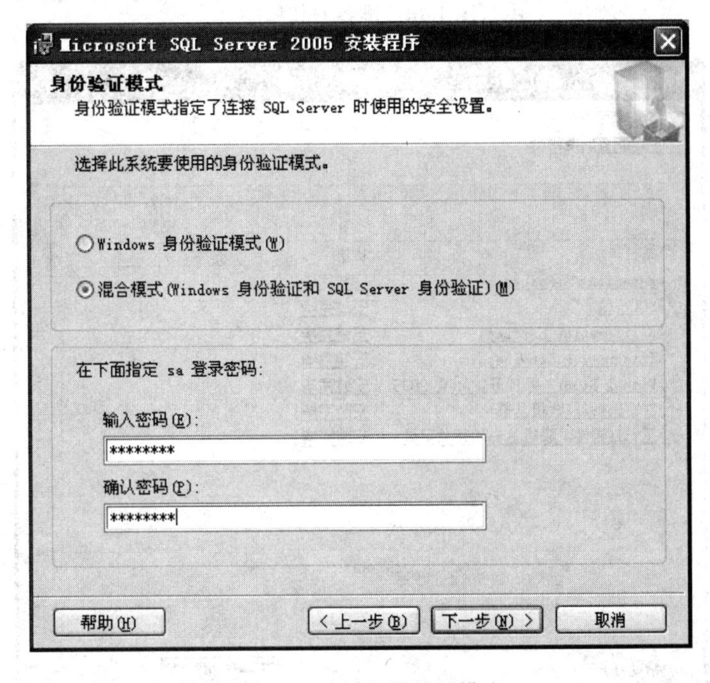

图 1-13 选择身份验证模式

(11) 出现“排序规则设置”界面，保持默认，继续点击“下一步(N)”按钮。

(12) 出现“报表服务器安装选项”设置界面，保持默认，继续点击“下一步(N)”按钮。

(13) 出现“错误和使用情况报告设置”界面，保持默认，继续点击“下一步(N)”按钮。

(14) 准备安装程序。点击“安装(I)”按钮，如图 1-14 所示。此安装过程时间较长，请耐心等待全部安装成功，点击“下一步(N)”按钮，如图 1-15 所示。

图 1-14 准备安装程序

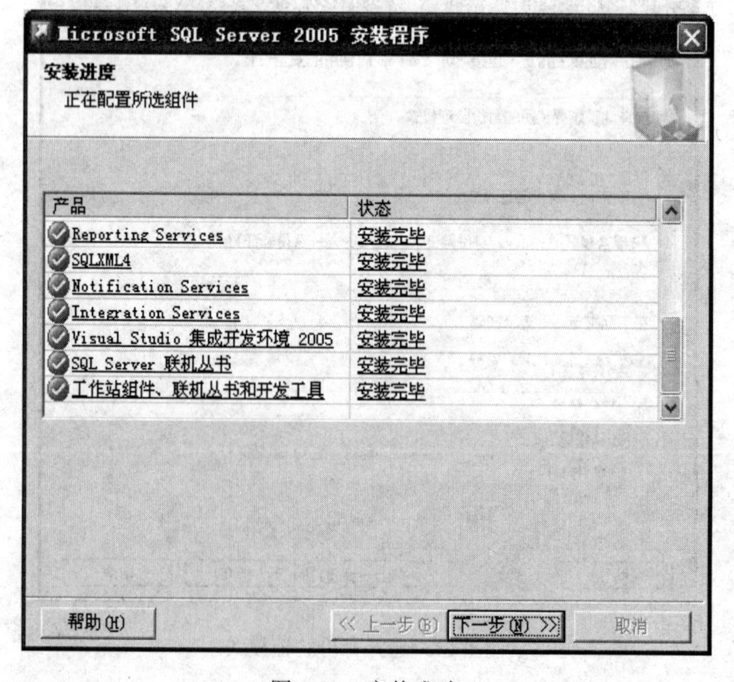

图 1-15 安装成功

(15) 点击“完成(F)”按钮，安装完成，如图 1-16 所示。

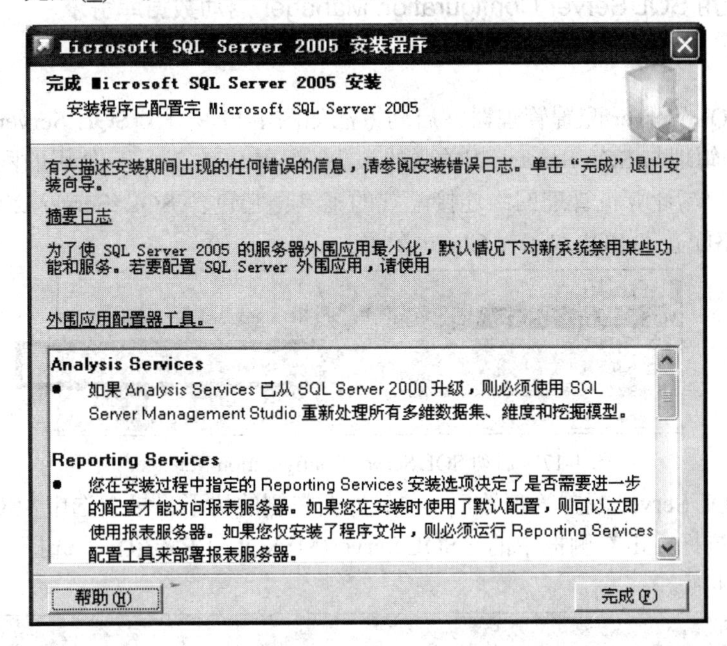

图 1-16　安装成功

任务 1-2　启动数据库引擎

任务分析

Microsoft SQL Server 2005 的安装完成后，可通过 SQL Server 2005 提供的配置工具来定制用户所需的服务。表 1-1 介绍了各 SQL Server 2005 管理工具的功能。后面将重点介绍 SQL Server Management Studio 的使用，在此只介绍如何使用 SQL Server Configuration Manager(SQL Server 配置管理器)和 SQL Server 外围应用配置器两种方法启动数据库引擎。

表 1-1　SQL Server 2005 管理工具的功能

工　具	功　能
SQL Server Management Studio	用于编辑和执行查询
SQL Server 事件探查器	提供了图形用户界面，用于监视 SQL Server 数据库引擎实例或 Analysis Services 实例
数据库引擎优化顾问	可以协助创建索引、索引视图和分区的最佳组合
Business Intelligence Development Studio	用于 Analysis Services 和 Integration Services 解决方案的集成开发环境
命令提示实用工具	从命令提示符管理 SQL Server 对象
SQL Server 配置管理器	管理服务器和客户端网络配置设置
Import and Export Data	用于移动、复制及转换数据的图形化工具和可编程对象
SQL Server 安装程序	安装、升级或更改 SQL Server 2005 实例中的组件

任务 1：使用 SQL Server Configuration Manager 启动数据库引擎

步骤

(1) 启动 SQL Server 配置管理器，启动方法如图 1-17 所示。SQL Server Configuration Manager 是用来管理与 SQL Server 相关联的服务、配置 SQL Server 使用的网络协议以及从 SQL Server 客户端计算机管理网络连接配置的工具。它包含 SQL Server 2005 服务、SQL Server 2005 网络配置和 SQL Native Client 配置。

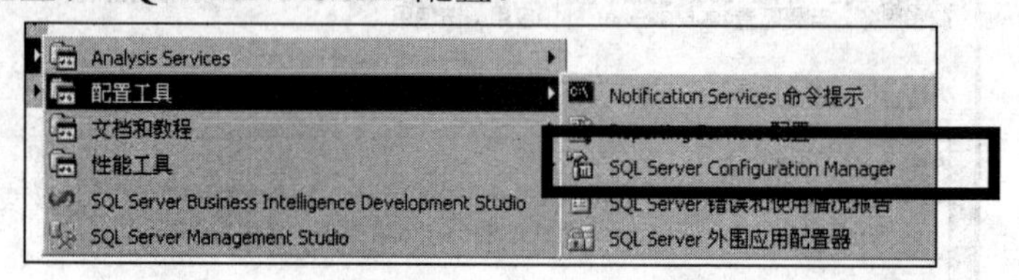

图 1-17　启动 SQL Server Configuration Manager

(2) 启动 SQL Server 配置管理器后，在其界面左侧的树形目录中选中“SQL Server 2005 服务”，然后用鼠标右击右侧框中的“SQL Server(MSSQLSERVER)”，选择“启动”命令，效果如图 1-18 所示。

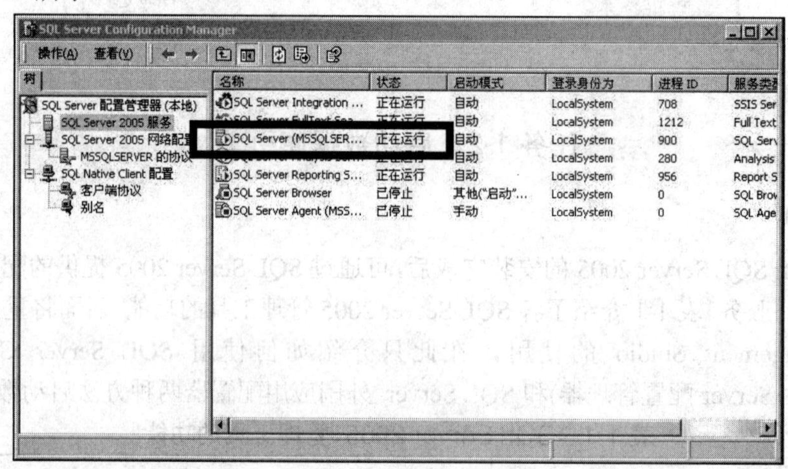

图 1-18　SQL Server Configuration Manager 启动效果图

任务 2：使用 SQL Server 外围应用配置器启动数据库引擎

步骤

(1) 如果需要启动某些功能和组件，可使用 SQL Server 2005 提供的外围应用配置器。启动 SQL Server 外围应用配置器的方法如图 1-19 所示。

图 1-19　启动外围应用配置器

(2) 在打开的界面中单击“服务和连接的外围应用配置器”，如图 1-20 所示。

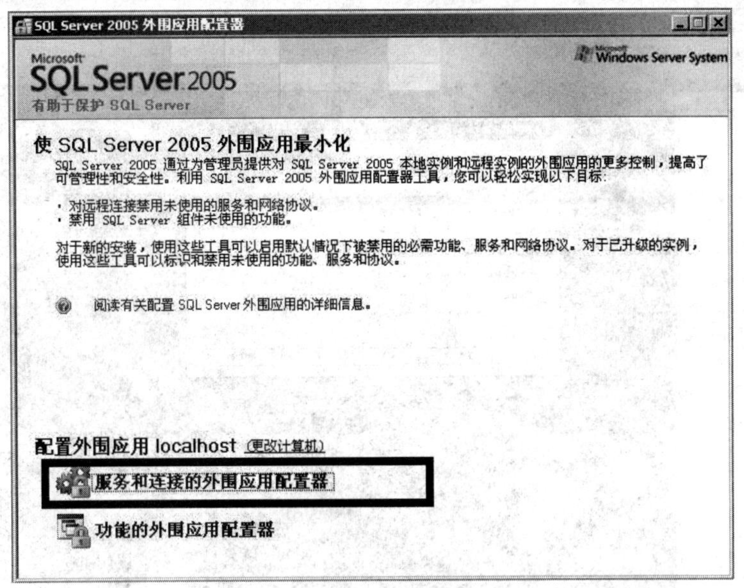

图 1-20　外围应用配置器

(3) 在打开的界面中找到 Database Engine，单击“服务”。在右侧查看是否已启动，如果没有启动可单击“启动(S)”按钮，并确保“启动类型”为“自动”，否则下次开机时又要手动启动，如图 1-21 所示。

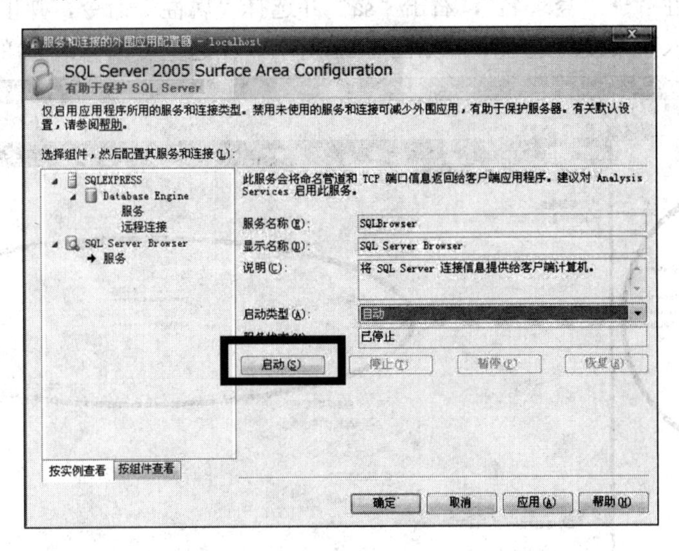

图 1-21　启动数据库引擎

任务 3：修改管理员密码

步骤

(1) 启动 Microsoft SQL Server 2005→SQL Server Management Studio Express。

(2) 选择服务器，登录名为 sa，输入密码，单击“连接(C)”按钮，如图 1-22 所示。

注：为了练习本书中的例子，服务器类型为“数据库引擎”，服务器名称一般选择本地安装所用的计算机名，身份验证选择安装时设置的身份验证模式。

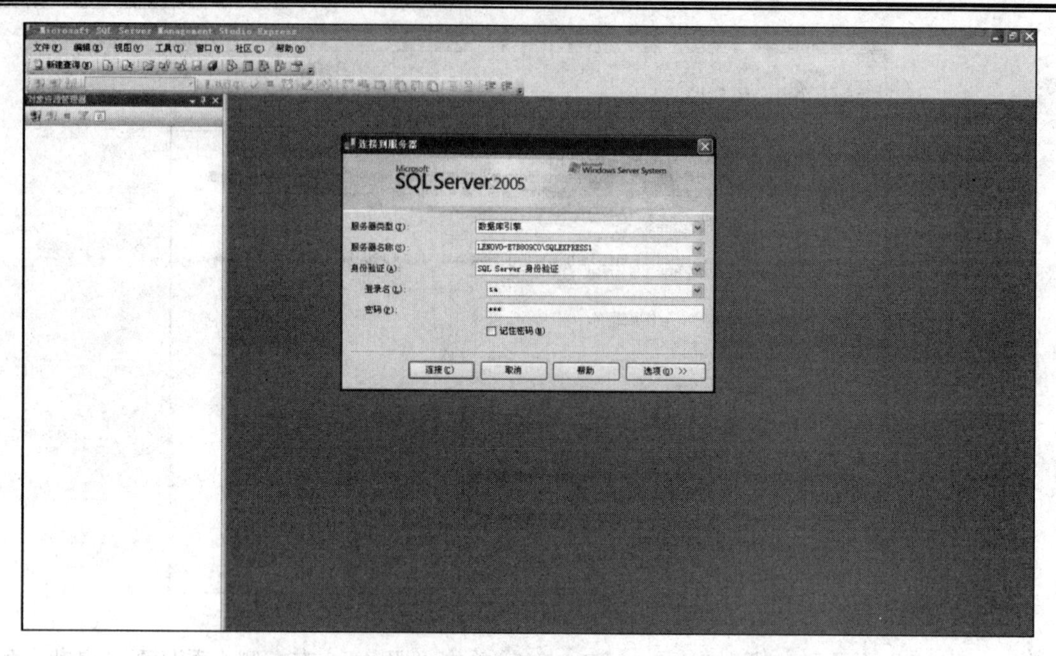

图 1-22　SQL Server 2005 登录界面

(3) 进入“Microsoft SQL Server Management Studio”主界面，在“对象资源管理器”中，依次展开“安全性”→“登录名”，右击“sa”并选择“属性”命令，弹出“登录属性-sa”对话框，默认进入“常规”选项卡，如图 1-23 所示，在这里可以修改 sa 的密码。

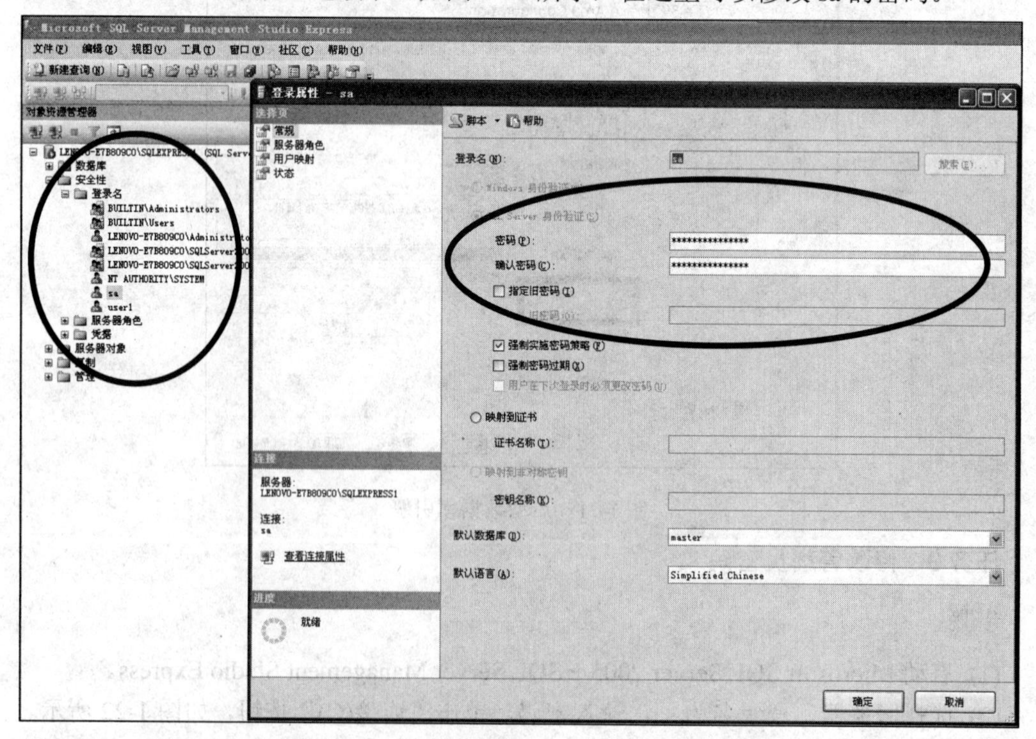

图 1-23　设置登录属性

(4) 仍然是在“登录属性-sa”对话框中选择“状态”选项，确定允许连接到数据库引擎和启用登录状态，如图 1-24 所示。

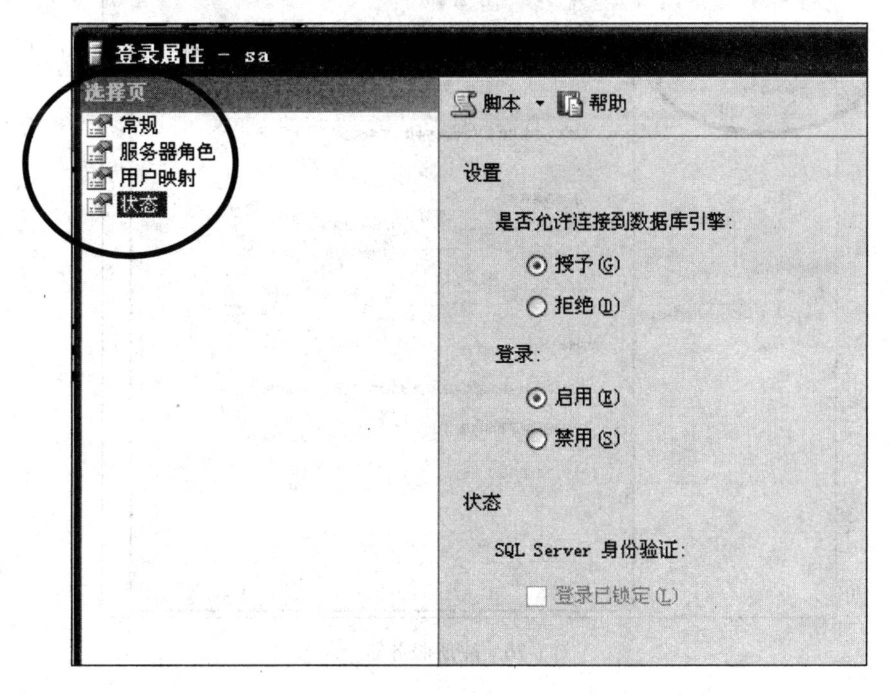

图 1-24　“状态”选项

(5) 回到如图 1-21 所示的界面，将 SQL Server 服务器停止后，再重新启动服务器。再一次打开 SQL Server Management Studio，用新创建或修改的密码重新连接到服务器。

任务 4：注册其他服务器

步骤

(1) 单击 SQL Server Management Studio 工具栏上的“已注册的服务器”图标，如图 1-25 所示，打开已注册服务器窗口，右击“数据库引擎”，在弹出的快捷菜单中选择“新建”→“服务器注册”命令。

图 1-25　注册服务器

(2) 在打开的“新建服务器注册”对话框的“服务器名称(S)”下拉列表框中输入服务器的名称，并选择身份验证的模式，如图 1-26 所示，保存后即完成新服务器的注册。

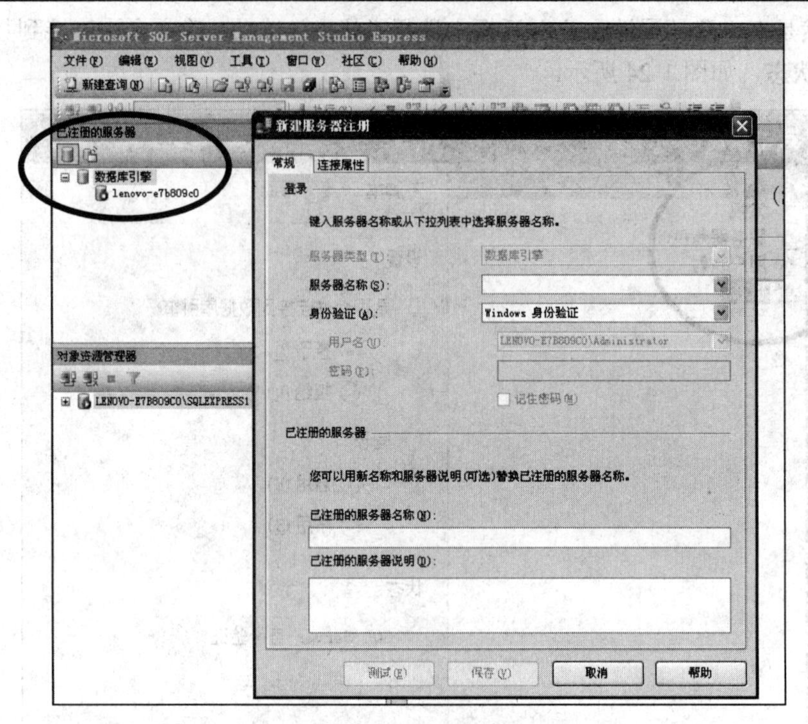

图 1-26 注册服务器

任务 1-3 认识图书管理数据库

任务分析

在后续章节使用 SQL Server 2005 创建数据库之前，先简单认识一下数据库和数据表的基本样式。以图书管理为例，现实生活中即是读者借阅书籍的过程。建立图书管理数据库就需要分门别类地保存与这个过程相关的数据，如读者的信息、图书的信息和借阅的信息等。

图书管理数据库共存放三张数据表，分别是存放图书数据的表 Book，存放读者数据的表 Reader，存放借书数据的表 Borrow。其具体格式如下：

Book(图书号，标题，作者，价格，ISBN)

Reader(读者号，读者姓名，E-mail)

Borrow(借阅号，图书号，读者号，借阅日期，归还日期)

这三种表的表结构如表 1-2、表 1-4、表 1-6 所示，其中带钥匙标记的字段为主键。具体数据参见表 1-3、表 1-5 和表 1-7。

表 1-2 Book 表结构

列　名	数 据 类 型	是否允许空
图书号	长度为 4 的字符串	NO
标题	最大长度为 30 的字符串	NO
作者	最大长度为 10 的字符串	YES
价格	小数，小数点后保留一位	NO
ISBN	最大长度为 20 的字符串	NO

表 1-3 Book 表数据

图书号	标　题	作者	价格(元)	ISBN
1001	数据库原理	丁一	21.5	978-7-5611-5122-3
1002	ASP.NET 开发应用	沈二	24.0	978-7-5611-5122-4
1003	SQL Server 2005 实用手册	刘三	18.9	978-7-5611-5122-5
1004	网页美工	胡四	47.6	978-7-5611-5122-6

从表 1-3 中可以看出，Book 表存放的为书籍信息，一本书的信息为一行。图书号为主键，是区分每本书的关键。

表 1-4 Reader 表结构

列　名	数 据 类 型	是否允许空
读者号	长度为 5 的字符串	NO
读者姓名	最大长度为 30 的字符串	NO
E-mail	最大长度为 20 的字符串	YES

表 1-5 Reader 表数据

读者号	读者姓名	E-mail
20001	张小丽	zxl@126.com
20002	王栋	wd@sina.com
20003	赵子杭	zzh@qq.com

从表 1-5 中可以看出，Reader 表存放的是读者信息，一位读者的信息为一行。为了彼此区分读者，读者号为主键。

表 1-6 Borrow 表结构

列　名	数 据 类 型	是否允许空
借阅号	整型	NO
图书号	长度为 4 的字符串	NO
读者号	长度为 5 的字符串	NO
借阅日期	日期时间型	NO
归还日期	日期时间型	YES

表 1-7 Borrow 表数据

借阅号	图书号	读者号	借阅日期	归还日期
1	1001	20001	2012-2-15 9:35:04	2012-3-1 16:09:44
2	1004	20001	2012-3-7 16:20:00	
3	1002	20002	2012-3-21 10:05:28	
4	1001	20003	2012-4-6 15:33:15	2012-4-27 9:24:52

从表 1-7 中可以看出，Borrow 表存放的是读者的借阅信息，每个读者每借一本书的信

息为一行。因为一个读者可以借阅多本书，所以读者号不能作为主键；一本书可以被多次借阅，故图书号也不能成为主键。这样，能将每一行借阅信息彼此区分的只有借阅号，因此将借阅号作为主键。

1.3 融会贯通

数据库技术自 20 世纪 60 年代末产生和发展至今，已经成为信息社会的重要基础技术之一。从简单的数据处理、信息管理到人工智能、决策支持等应用领域，数据库技术已渗透到社会生活的每一个角落。例如，我们可能会去银行取款，可能会在网上购物，可能会去预订飞机票等，这些都需要利用数据库技术。可见，数据库已成为人们生活中不可缺少的一部分。了解了数据库中的数据都是以表的形式存放，我们所看到的动态网站或是系统的功能其原理均是对表中数据进行显示或操作，可对后续项目的实施打好基础。

如图 1-27 所示为我们日常所看到的网页中显示的新闻，图 1-28 所示为后台页面样式，即新闻内容管理的页面。从图 1-29 中可以看出，对新闻的显示或是管理，其实质就是显示或操作对应的数据表的内容。

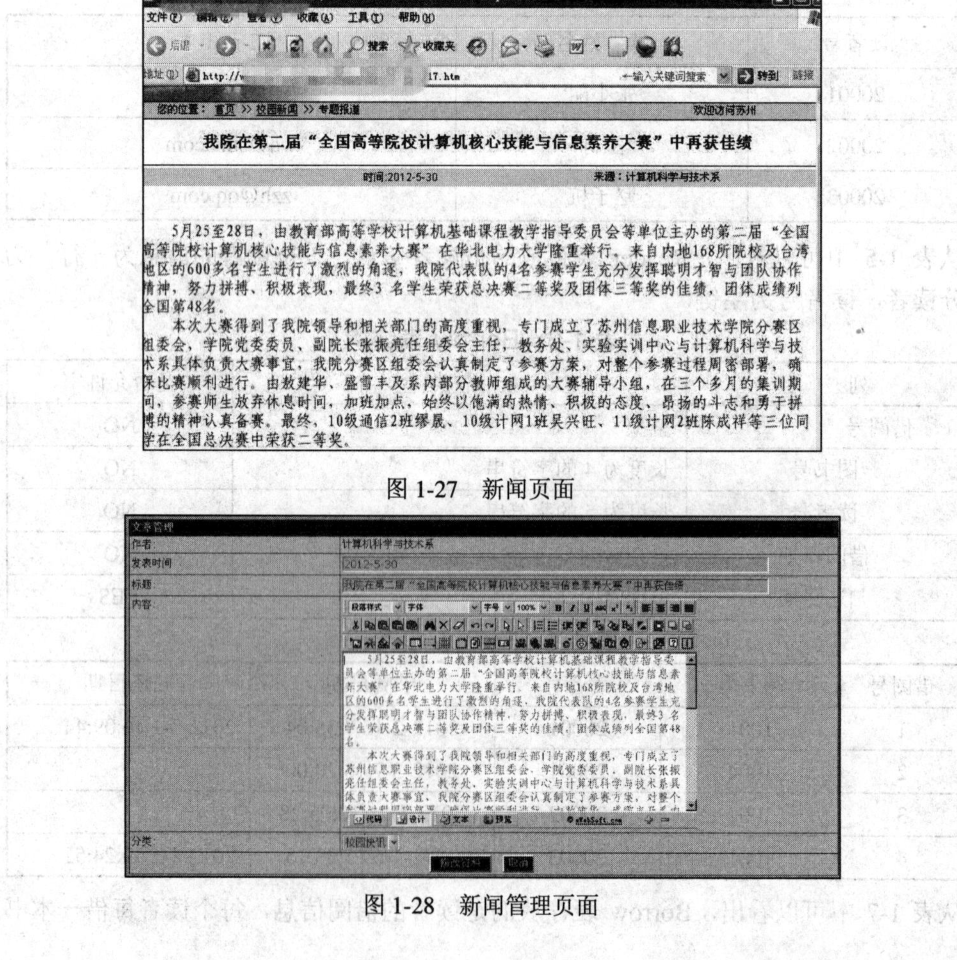

图 1-27　新闻页面

图 1-28　新闻管理页面

新闻 : 表

作者	发布时间	新闻标题	内容
计算机科学与技术	2012-5-30	我院在第二届“全国高等院校计算机核心	5月25至28日，由教育部高等学校计算机基础课程教学指导委员会等单位主办
通信与信息工程系、电气与电	2012-5-29	热烈祝贺我院男篮获得苏州市第十三届	5月27日，苏州市第十三届体育运动会大学生篮球比赛在苏州工业美术学院落
校企合作与对外交流处	2012-5-28	我院学生职业生涯规划指导讲座第二讲	5月21日下午，2010级学生职业生涯规划系列指导讲座第二讲在报告厅举行，
学工处团委	2012-5-28	我院代表队在2012“大学生音乐超级联	5月20日晚，学院报告厅内荧光炫彩，动感的节奏扣人心弦，阵阵尖叫声不时

图 1-29　新闻数据表

1.4 习　　题

1. 在三级模式之间引入两级映像，其主要功能之一是(　　)。

A. 使数据与程序具有较高的独立性　　B. 使系统具有较高的通道能力

C. 保持数据与程序的一致性　　D. 提高存储空间的利用率

2. 对于最终用户来说，数据库的体系结构应划分为(　　)。

A. 外模式、模型和内模式结构　　B. 单用户结构、主从式结构和分布式结构

C. 模型、模式和视图　　D. 关系结构、网状结构和层次结构

3. 数据库系统的核心是(　　)。

A. 编译系统　　B. 数据库

C. 操作系统　　D. 数据库管理系统

4. 在数据库的体系结构中，数据库存储的改变会引起内模式的改变。为使数据库的模式保持不变，从而不必修改应用程序，这是通过改变模式与内模式之间的映像来实现的。这样，使数据库具有________。

5. 在数据库系统的三级模式体系结构中，描述数据在数据库中的物理结构或存储方式的是________。

项目二 学生信息管理数据库

2.1 相关知识

2.1.1 数据库结构设计

数据库设计(Database Design)是建立数据库及其应用系统的技术，是信息系统开发和建设中的核心技术。本书采用的是基于E-R模型的数据库设计方法，其中E-R是“实体-联系”(Entity- Relationship)的简称。此法由P.P.S.Chen在1975年提出，其基本思想是在要求分析的基础上，用E-R(实体-联系)图构造一个纯粹反映现实世界实体之间内在联系的概念模型，然后再将此概念模型转换成基于某一特定的DBMS上的数据模型。

按规范化设计方法可将数据库设计分为以下 6 个阶段：① 需求分析；② 概念结构设计；③ 逻辑结构设计；④ 物理结构设计；⑤ 数据库实施；⑥ 数据库运行和维护。我们将以图2-1所示的设计过程为主线，来介绍各个设计阶段的设计内容、设计方法和工具。

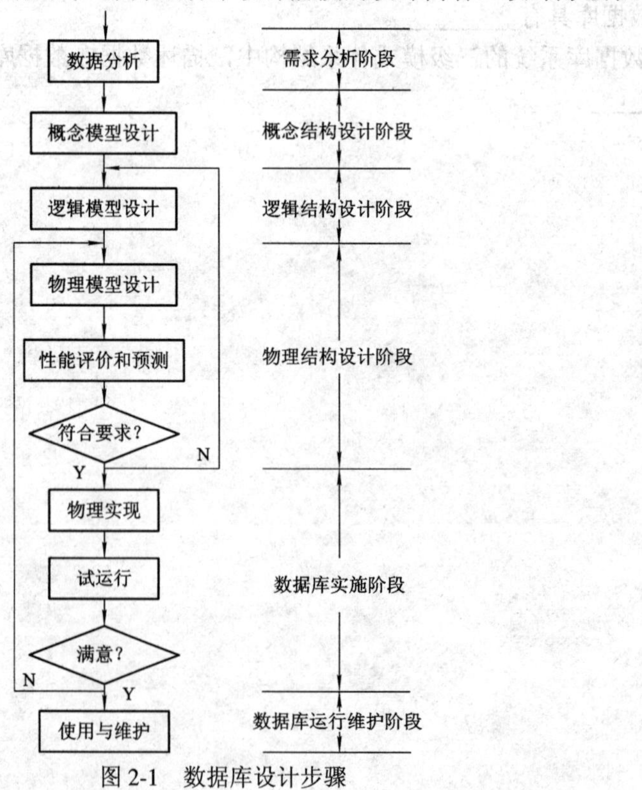

图2-1 数据库设计步骤

1. 需求分析

需求分析是数据库设计的第一个阶段，是指从调查用户单位着手，深入了解用户单位的数据流程，数据的使用情况，数据的数量、流量、流向、数据性质，并且作出分析，最终按照规范要求以文档形式做出数据的需求说明书。

调查的重点是“数据”和“处理”，通过调查获得每个用户对数据库的要求，如：

(1) 数据要求。用户将从数据库中获得信息的内容、性质，由信息导出数据，即可确定在数据库中需存储哪些数据。

(2) 处理要求。了解用户要完成什么样的处理功能、对某种处理功能的响应时间以及处理的方式(是批处理还是联机处理)。

(3) 安全性和完整性的要求。

如何分析和表达用户需求呢？

在众多的分析方法中，结构化分析(Structured Analysis，SA)是一个简单而实用的方法。SA 方法采用自顶向下、逐层分解的方式分析系统，用数据流图、数据字典来描述系统。任何一个系统都可抽象为如图 2-2 所示的结构。

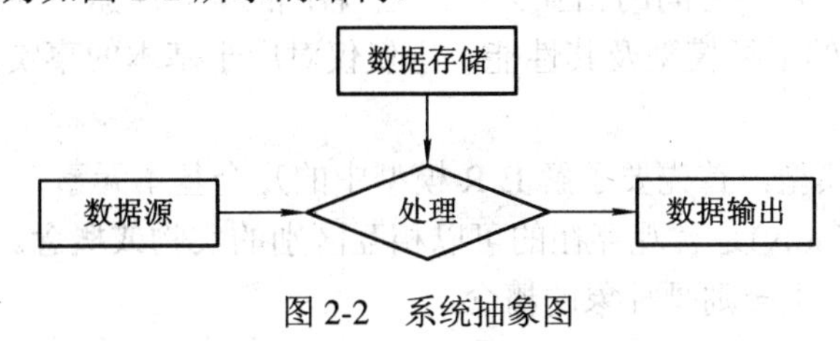

图 2-2　系统抽象图

把一个处理功能的具体内容分解为若干个子功能，再把每个子功能继续分解，直到把系统的工作过程表达清楚为止。在处理功能逐步分解的同时，其所用的数据也逐级分解，形成若干层次的数据流图。数据流图表达了数据和处理过程的关系。处理过程的处理逻辑常常用判定表或判定树来描述。

数据字典是各类数据描述的集合，是对系统中数据的详尽描述，是各类数据属性的清单。对数据库设计来讲，数据字典是进行详细的数据收集和数据分析所获得的主要结果，通常包括以下 4 部分：

(1) 数据项，是数据的最小单位。

(2) 数据结构，是若干数据项有意义的集合。

(3) 数据流，可以是数据项，也可以是数据结构，表示某一处理过程的输入或输出。

(4) 数据存储，处理过程中存取的数据，通常是手工凭证、手工文档或计算机文件。

它们的描述内容如下：

数据项描述 = {数据项名，数据项含义说明，别名，类型长度，取值范围，
与其他数据项的逻辑关系}

其中，取值范围是指该数据项与其他数据项的逻辑关系(如该数据项等于另外几个数据项之和，该数据项值等于另一个数据项的值，等等)。定义了数据的完整性约束条件，是设计数据检验功能的依据。

数据结构描述 = {数据结构名，含义说明，组成：{数据项名}}

数据流 = {数据流名，说明，流出过程，流入过程，组成：{数据结构或数据项}}

其中，流出过程说明该数据流由什么过程来；流入过程说明该数据流到什么过程去。

数据存储＝{数据存储名，说明，输入数据流，输出数据流，组成：{数据结构或数据项}，数据量，存取方式}

其中，数据量用于说明每次存取多少数据，每天(或每小时、或每周)存取几次等信息；存取方法是指采用批处理还是联机处理，是采用检索还是更新，是采用顺序检索还是随机检索。所有信息应尽可能详细收集并加以说明。

2. 概念结构设计

概念结构设计是整个数据库设计的关键。在此设计过程中逐步形成数据库的各级模型。

设计数据库的概念模型或概念结构，是数据库逻辑设计的第一步。此模型既独立于特定的 DBMS，也独立于数据库的逻辑结构；既独立于数据库的逻辑模型，也独立于计算机和存储介质上数据的物理模型。

1) 设计局部 E-R 模型

E-R 模型即实体联系模型，是面向问题的概念性数据模型，它采用简单的图形反映出现实世界中存在的数据及它们之间的相互关系。它既不依赖于具体的硬件特性，也不依赖于具体的 DBMS 所采用的数据模型及其性能，它仅仅对应于基本的事实，所以可以为非计算机工作人员所理解。

要设计局部 E-R 模型，首先要了解 E-R 模型中的几个基本元素。

(1) 实体。实体(Entity)是客观存在的可以相互区别的实物或概念。例如，对学生来说，书本是具体的实物，学生会则是抽象的概念。

(2) 属性。属性(Attribute)是实体所具有的某一特性。例如，员工实体可以具有员工编号、姓名、性别、工龄、住址等属性。属性的具体取值称为属性值。例如，(830001，张强，男，12 年，南京市)是一个员工实体的属性值。

(3) 键。键(Key)是能够唯一标识实体的属性或属性集。例如，员工编号是员工实体的键。

(4) 域。域(Domain)是属性的取值范围。例如，姓名的域是字符串集合，邮编的域是 6 位数字的集合。

(5) 实体型。实体型(Entity Type)是具有相同属性的实体所具有的共同个性。例如，员工实体型可表示为：员工(员工编号，姓名，性别，工龄，住址)。

(6) 实体集。实体集(Entity Set)是同型实体的集合。实体集是实体型的有限集合。例如，全部员工即是一个实体集。

注：在 E-R 图中的 E 实际是指实体集，在这里我们不区分实体和实体集。为了方便表达，后面的表述中就以实体代替实体集。

(7) 联系。联系(Relation)包括实体内部的联系与实体之间的联系。实体内部的联系指实体的各属性之间的联系，实体之间的联系指不同实体集之间的联系。

设计局部 E-R 模型的关键是标识实体和实体之间的联系。因此，首先得决定如何对数据设计局部分析阶段所收集到的数据项划分实体和属性。实体和属性之间在形式上并无可以明显区分的界限，而常常是现实世界对它们已有的大体的自然区分。它随应用环境的不同而不同。

例如，教师是学校职工中的一部分，如果作为一般的人事档案管理，不要求与各个教师所担任的教学工作和科研项目发生联系，则可以把教师的各种职务作为职工的属性来对待；但当同时要与其所担任的课程和从事的科研项目发生联系时，就必须把教师作为一个实体来处理。

下面来看一个校园系统的实例，分析实例中存在的主要实体及其属性。

第一个实体是学校，这个实体要描述的是学校信息，其 E-R 模型如图 2-3 所示。

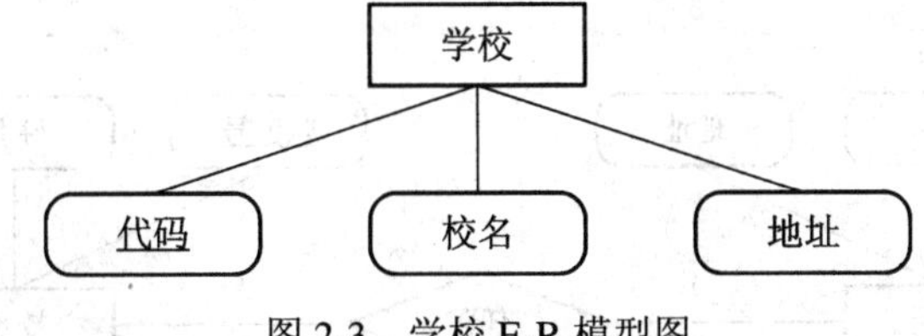

图 2-3　学校 E-R 模型图

在学校实体的三个属性中，代码属性能够用来唯一标识学校这个实体，也就是前面所说的键(也叫主属性或实体标识符等)，因此给代码属性加下划线进行标记。

学校的主体是学生，而在学生管理中需要关注的除了学生的个人信息之外，还应描述学生在学校中的一些信息，如所在的系别等信息。其 E-R 模型表示如图 2-4 所示。

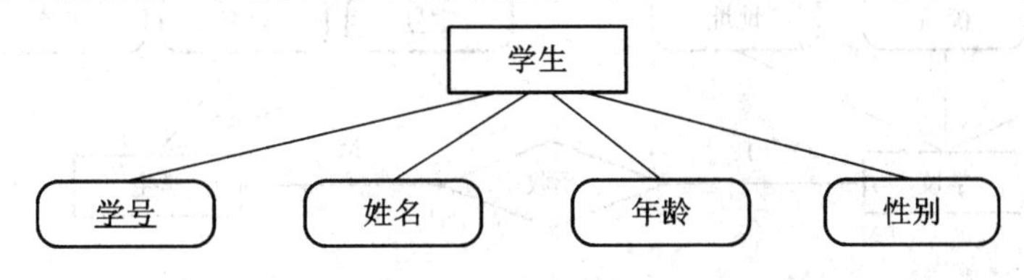

图 2-4　学生 E-R 模型图

同样，在学生实体的四个属性中，学号属性能够用来唯一标识学生这个实体，因此给学号属性加下划线进行标记。

学生在校学习课程，其 E-R 模型表示如图 2-5 所示。

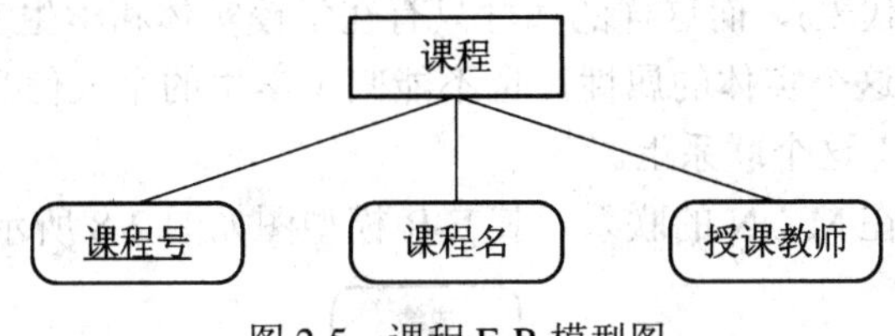

图 2-5　课程 E-R 模型图

在课程实体的三个属性中，课程号属性能够用来唯一标识学生这个实体，因此给课程号属性加下划线进行标记。

2) 联系的设计

一个数据库系统一定会包含多个实体，而这多个实体之间一定不是相互孤立的，实体和实体之间相互有联系，在 E-R 图进行概念设计时，需要把实体之间的联系表示出来。在本书中，主要考虑的联系为二元联系。二元联系的类型有一对一、一对多和多对多三种。

(1) 一对一联系：如果实体集 E1 中的每个实体至多和实体集 E2 的一个实体有联系，反之亦然，那么实体集 E1 和 E2 的联系称为“一对一联系”，记为 1∶1。

(2) 一对多联系：如果实体集E1中每个实体可以与实体集E2中任意多个实体间有联系，而 E2 中每个实体至多和 E1 中一个实体有联系，那么称 E1 对 E2 的联系为“一对多联系”，记为 1∶M。

(3) 多对多联系：如果实体集 E1 中每个实体可以与实体集 E2 中任意多个实体有联系，反之亦然，则称 E1 和 E2 的联系是“多对多联系”，记为 M：N。

以下对二元联系的三种情况分别举例说明。

前面提到的校园系统实例中，学校实体与校长实体之间存在 1：1 的联系，其 E-R 模型图如图 2-6 所示。

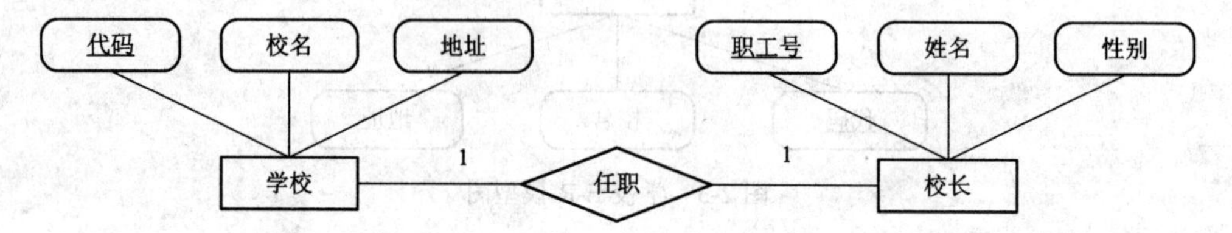

图 2-6　1：1 E-R 模型图

学校招收若干学生，产生了 1：M 的关系，其 E-R 图如图 2-7 所示。在表示联系时，除了标明联系的名称之外，还要表示联系的类型。图中可以用任何字母表示“多”。

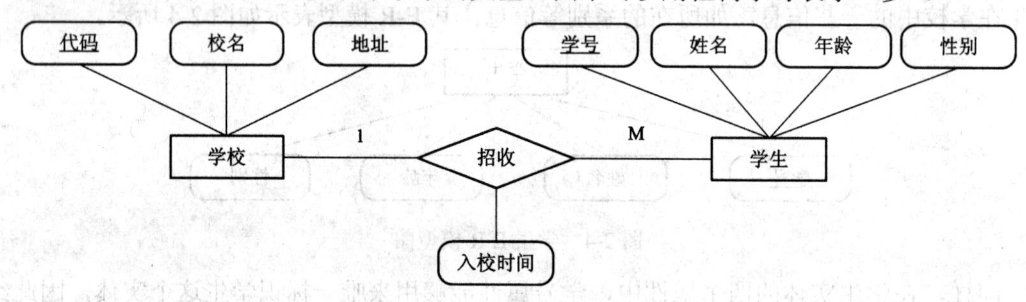

图 2-7　1：M E-R 模型图

在该例中，当学校招收学生时就会产生学生的入校时间等一些新的属性(在图中仅标出入校时间一个属性作为代表)。而这样的属性只有在学校实体和学生实体产生联系的时候才出现，他们既不是学校这个实体的属性，也不能归于学生的个人信息的属性之中，因此把这样的属性加在“招收”这个联系上。

学生和课程之间存在 M：N 的联系，其 E-R 模型图如图 2-8 所示。

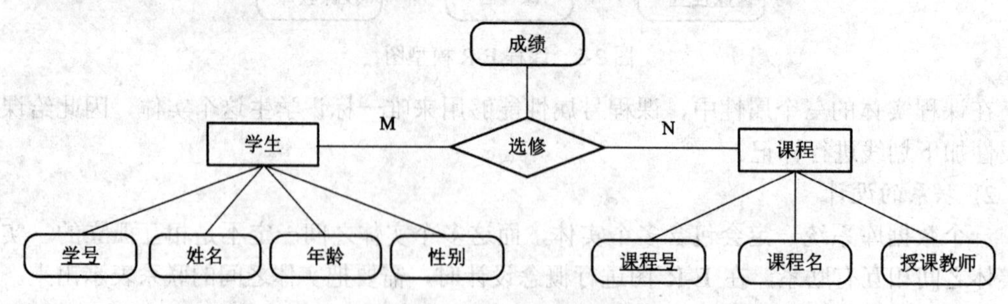

图 2-8　M：N E-R 模型图

同上例一样，学生选修课程后产生了一个新的属性就是每个学生对应着每门课程的成绩，应该把这样的属性附加在“选修”这个联系上。

3) 将各局部 E-R 模型综合成总体 E-R 模型

综合局部 E-R 模型为总体 E-R 模型的步骤：先将各个局部 E-R 模型合并成一个初步 E-R 模型，然后去掉初步总体 E-R 模型中冗余的联系，最后就得到总体 E-R 模型。

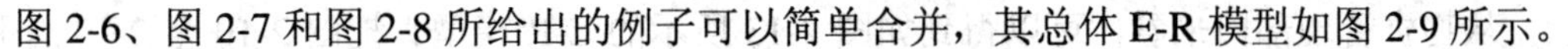
图 2-6、图 2-7 和图 2-8 所给出的例子可以简单合并，其总体 E-R 模型如图 2-9 所示。

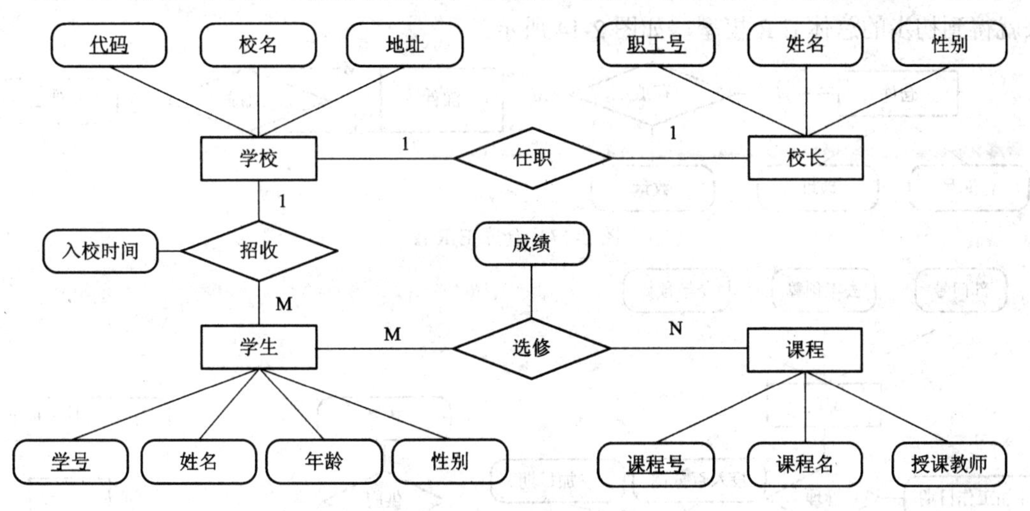

图 2-9　总体 E-R 模型图

下面再举一例来说明这一过程。一个工厂中的主要实体有部件、工程、职工和部门等，这些实体在各个部门的不同应用中发生联系，并具有不同的属性。例如，就行政管理部门而言，可以得到部门与职工之间的 E-R 模型，如图 2-10 所示。就工程的组织管理而言，可以得到如图 2-11 所示的 E-R 模型图。就计划供应部门而言，可以有图 2-12 所示的 E-R 模型。

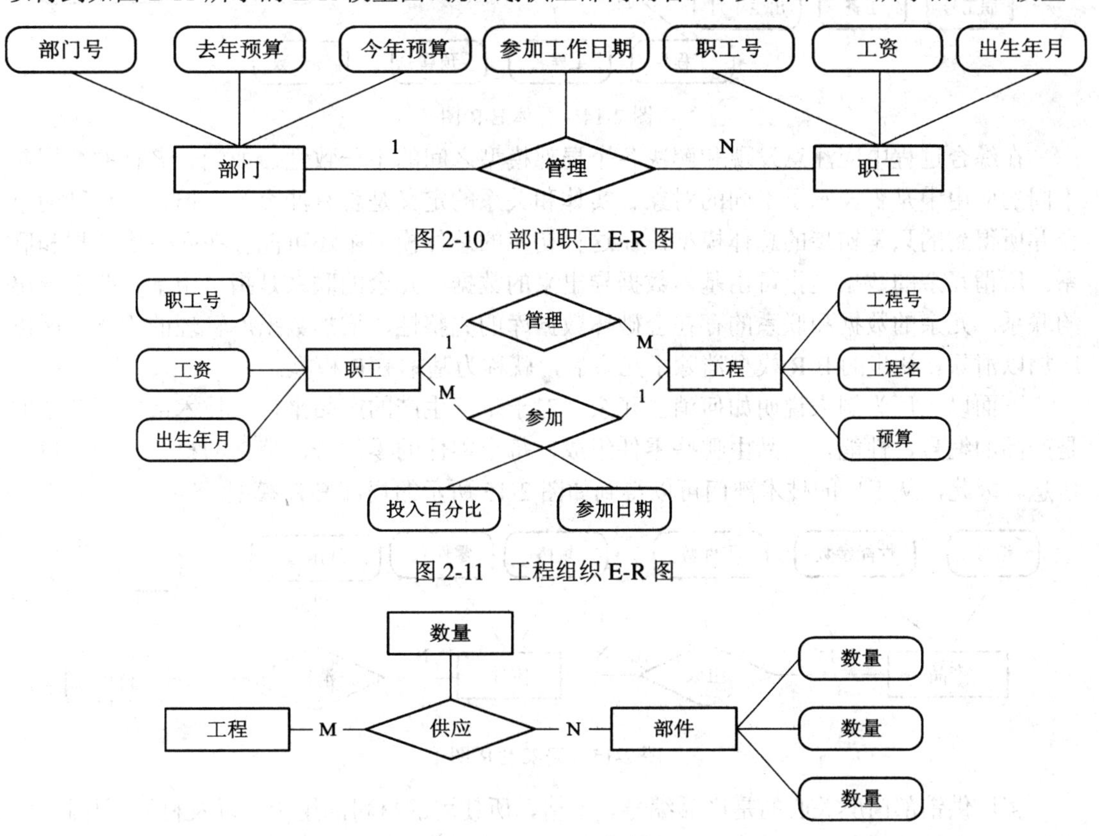

图 2-10　部门职工 E-R 图

图 2-11　工程组织 E-R 图

图 2-12　工程部件 E-R 图

从物资管理部门来看，可以得到如图 2-13 所示的 E-R 模型。把图 2-10 至 2-13 合并起来就得到初步的总体 E-R 模型，如图 2-14 所示。

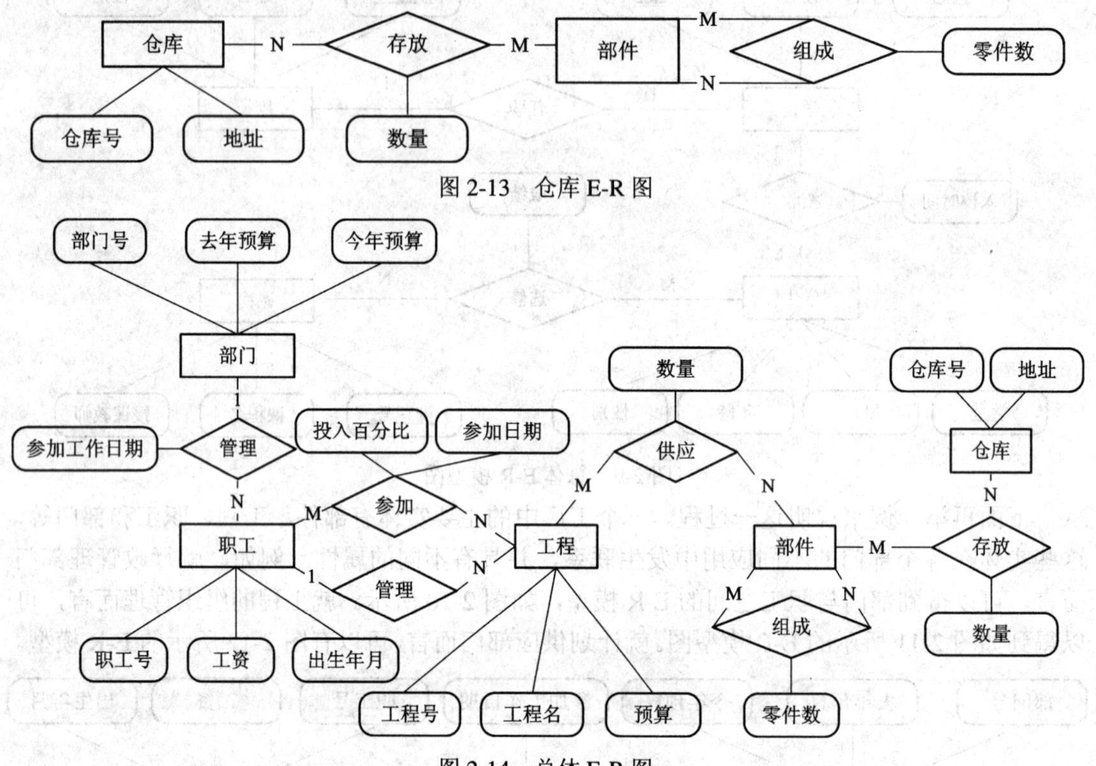

图 2-13　仓库 E-R 图

图 2-14　总体 E-R 图

在综合过程中应注意发现和解决各个局部模型之间的不一致性，如同一名称的数据在不同的应用中是否表示了不同的对象、实体和关系的定义是否有冲突等。但是，这种简单合并所得到的只是初步的总体模型，在这种初步的总体模型中还可能存在冗余的数据和联系。所谓冗余的数据是指可由基本数据导出来的数据；冗余的联系是指可由基本联系导出的联系。冗余的数据和联系的存在会破坏数据库的完整性，增加数据库管理的困难，所以应加以消除。初步的 E-R 模型消除了冗余后，就称为基本 E-R 模型。

下面以工厂为例来说明如何消去冗余。对于工厂生产的产品来说，技术部门所关心的是产品的编号，性能，产品由哪些零件组成，每个零件的零件号，消耗的材料名和数量等信息。因此，从工厂的技术部门可以得到如图 2-15 所示的局部 E-R 模型。

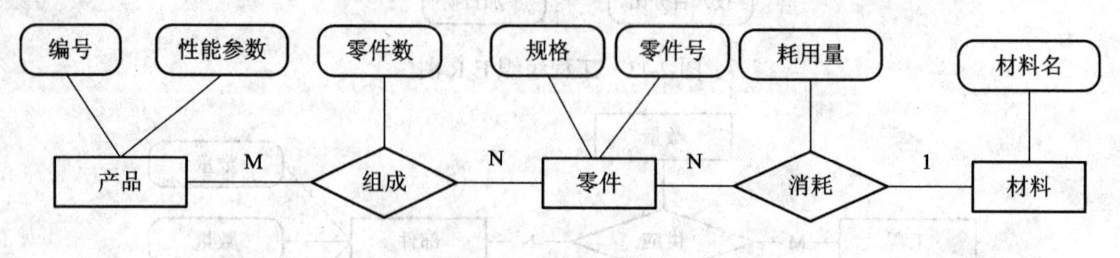

图 2-15　局部 E-R 图 1

工厂供销部门所关心的是产品编号、价格，所使用的材料的用量，以及材料的材料名、价格和库存量等信息。所以，从工厂的供销部门可以得到如图 2-16 所示的局部 E-R 模型。

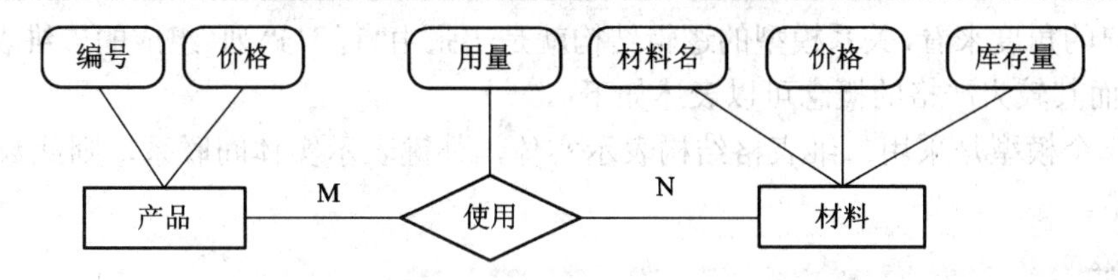

图 2-16　局部 E-R 图 2

综合上述两个局部 E-R 模型可以得到如图 2-17 所示的初步总体 E-R 模型。

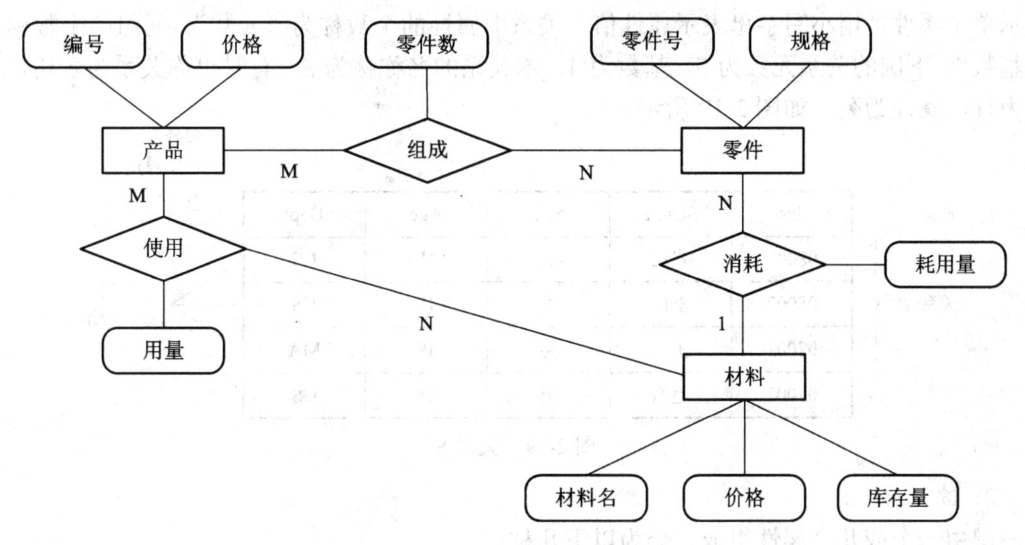

图 2-17　总体 E-R 图

对图 2-17 稍作分析就不难看出，产品使用材料的用量可以由组成产品的零件数和每个零件消耗的材料数(即图中的“耗用量”)推导出来。因此，该用量属于冗余数据，应予以消除，产品与材料间的 M∶N 联系也应除去。除此之外，图 2-17 中再无冗余的数据和联系，由此可以得到基本的 E-R 模型，如图 2-18 所示。

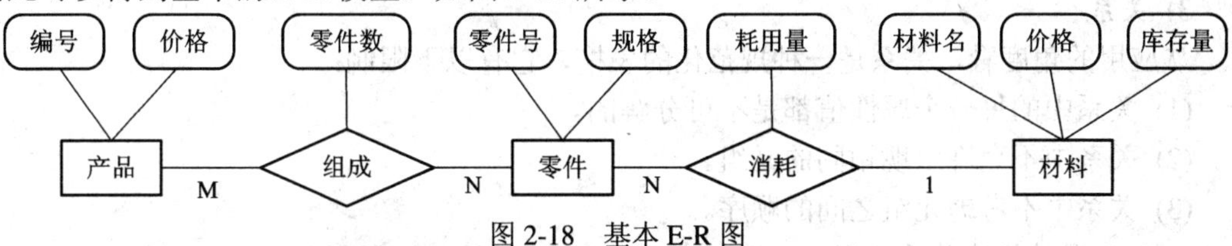

图 2-18　基本 E-R 图

目前视图的综合方法主要有 3 种：利用存取频繁的信息在数据项一级综合，即属性综合；综合所有的实体，即合并对象的结构；利用数据项之间的函数依赖进行综合。

综合得到的基本 E-R 模型是企业的概念模型，它表示出了用户的数据要求，是沟通“要求”和“设计”的桥梁。用户和数据库设计人员必须对这一模型反复讨论，在用户确认这一模型已正确无误地反映了他们的要求后，才能进入下一阶段的设计工作。

3. 逻辑结构设计

目前，较为成熟的并为人们大量使用的结构数据模型有层次模型、网状模型、关系模型、面向对象模型、谓词模型以及面向对象关系模型等几种类型。本书主要介绍关系模型。

从用户的角度来看，关系模型的逻辑结构就是一张由“行”与“列”组成的二维表格(table，简称表)。而其较为严格的概念可以表述如下：

如果一个模型是采用二维表格结构表示实体，外键表示实体间联系，则此数据模型称为关系模型。

1) 属性

关系模型中，字段称为属性，字段值称为属性值，记录类型称为关系模型。关系模式名是 R。记录称为元组(tuple)，元组的集合称为关系或实例。一般用大写字母 A、B、C、……表示单个属性，用小写字母表示属性值。关系中属性的个数称为“元数”，元组的个数称为“基数”。下例的关系元数为 5，基数为 4，本关系的名称称为 S。有时也称关系为表格，元组为行，属性为列，如图 2-19 所示。

属性(列，字段)

Sno	Sname	Sex	Age	Dept
08001	张三	男	18	CS
08002	李四	女	17	CS
07001	王五	男	19	MA
07002	赵六	男	18	CS

关系(表)

元组(行，记录)

图 2-19 关系 S

2) 键

键由一个或几个属性组成，分为以下几种：

超键：在关系中能唯一标识元组的属性集称为关系模式的超键。

候选键：不含多余属性的超键称为候选键。即在候选键中，若要再删除属性，就不是键了。

主键：用户选作元组标识的一个候选键称为主键。一般情况下，键即指主键。

3) 关系

从应用的角度看，关系是一种规范化的表格，它有以下限制：

(1) 关系中的每一个属性值都是不可分解的。

(2) 关系中不允许出现相同的元组。

(3) 关系中不考虑元组之间的顺序。

4) E-R 图转换为关系模型

关系模型由一组关系(二维表)组成。因此，把概念模型转换成关系数据模型，就是把 E-R 图转换成一组关系模式。我们约定用以下方式来表示一个实体关系。

关系名(属性 1，属性 2，属性 3，属性 4，……)

其中带下划线的属性(集)表示实体的键。

二元联系的 E-R 图可按如下规则转换成关系模型。

步骤 1：

每个实体转化成为一个关系模式，实体名即关系名，实体的属性集为关系模式的属性，实体的码即为关系的键。

步骤 2：

1∶1 的联系类型的转换：将联系两边的实体所转换的关系模式中的任何一个的键，以及联系的属性加入到另一端实体所转换关系模式中(通常放在存取操作比较频繁的关系中)。

1∶M 的联系类型的转换：将一方实体的关系模式中的键以及联系的属性加入到 M 方实体的关系模式中。

M∶N 的联系类型的转换：将联系转换为一个新的关系，联系名即关系名，两端实体所转换成的关系模式中的键加上联系的属性，作为新关系的属性集。此时，两端关系的键共同作为新关系的键(复合键)。

下面以图 2-9 为例进行 E-R 模型到关系模型的转换。

图 2-9 中有四个实体：学校、校长、学生、课程；三个联系分别是任职、招收、选修。其中任职为 1∶1 的联系，招收为 1∶M 的联系，选修为 M∶N 的联系。根据上述步骤进行转换如下：

把所有实体转换成为关系模式，键用下划线进行标识。

学校(代码，校名，地址)
校长(职工号，姓名，性别)
学生(学号，姓名，年龄，性别)
课程(课程号，课程名，授课教师)

对于 1∶1 的“领导”联系，在校长关系中加入学校关系的键：代码(或在学校关系中加入校长关系的键)。

学校(代码，校名，地址)
校长(职工号，姓名，性别，代码)
学生(学号，姓名，年龄，性别)
课程(课程号，课程名，授课教师)

对于 1∶M 的“招收”联系，在 M 方学生关系中加入一方学校关系的键，以及招收联系的属性。

学校(代码，校名，地址)
校长(职工号，姓名，性别，代码)
学生(学号，姓名，年龄，性别，代码，入学日期)
课程(课程号，课程名，授课教师)

对于 M∶N 的选修联系，生成新的关系模式，加入两端关系的键作为新关系的键，以及联系的属性。

学校(代码，校名，地址)
校长(职工号，姓名，性别，代码)
学生(学号，姓名，年龄，性别，代码，入学日期)
课程(课程号，课程名，授课教师)
选修(学号，课程号，成绩)

4. 数据库设计说明书

设计人员在完成设计后，需要向开发人员提交一份数据库设计说明书。数据库设计说明书是为数据库开发时期提供关于数据库中数据的描述和数据采集要求的技术信息，为后期的程序设计提供参照。

数据库设计说明书的格式如下：

[项目名称]

数据库设计说明书

[V1.0(版本号)]

拟 制 人________________

审 核 人________________

批 准 人________________

[　　年　　月　　日]

1. 引言

1) 编写目的

[说明编写这份数据库设计说明书的目的，指出预期的读者。]

例：本文档描述了××数据库的设计，提供了数据库设计的可视性以及软件支持所需的信息，应用于××系统开发前期。它不仅为后期的数据库设计指引方向，还可以为系统程序设计提供借鉴与参照。预期读者为数据库设计师、数据库管理员。

2) 背景

(1) [待开发数据库的名称和使用此数据库的软件系统的名称；]

(2) [列出本项目的任务提出者、开发者和用户。]

3) 定义

[列出本文件中用到的专门术语的定义和外文首字母组词的原词组。]

4) 参考资料

[列出有关的参考资料。]

2. 外部设计

1) 标识符的状态

[联系用途，详细说明用于唯一标识该数据库的代码、名称或标识符，附加的描述性信息亦要给出。如果该数据库属于尚在试验中或测试中，或是暂时使用的，则要说明这一特点及其有效时间范围。]

表名	标识符或名称	描述信息	状态(试验中/测试中/暂时使用)

2) 使用程序

[列出将要使用或访问此数据库的所有应用程序，对于这些应用程序的每一个须给出它的名称和版本号。]

3) 约定

[陈述一个程序员或一个系统分析员为了能使用此数据库而需要了解的建立标号、标识

的约定。]

前　缀	说　明
Admin	管理员
User	用户

4) 专门指导

[向准备从事此数据库的生成、测试以及维护人员提供专门的指导。]

5) 支持软件

[简单介绍同此数据库直接有关的支持软件。说明这些软件的名称、版本号的主要功能特性。列出这些支持软件的技术文件的标题、编号及来源。]

3. 结构设计

1) 概念结构设计

[说明本数据库将反映的现实世界中的实体、属性和它们之间的关系等的原始数据形式，包括各数据项、记录、系、文卷的标识符、定义、类型、度量单位和值域，建立本数据库的每一幅用户视图。]

数据实体名称	数据库表名	数据实体描述

2) 逻辑结构设计

[说明把上述原始数据进行分解、合并后重新组织起来的数据库全局逻辑结构，包括所确定的关键字和属性、重新确定的记录结构和文卷结构、所建立的各个文卷之间的相互关系以及形成本数据库的数据库管理员视图。]

3) 物理结构设计

[建立系统程序员视图。包括数据在内存中的安排，对索引区、缓冲区的设计；所使用的外存设备及外存空间的组织，包括索引区、数据块的组织与划分；访问数据的方式。]

4. 运用设计

1) 数据字典设计

[对数据库设计中涉及的各种项目一般要建立起数据字典，以说明它们的标识符、同义名及有关信息。]

数据项编号	数据项名	数据项含义	存储结构	别名

2) 数据表设计

××表

字段名	数据类型	是否主键	字段含义

3) 安全保密设计

[说明在数据库的设计中，将如何通过区分不同的访问者、访问类型和数据对象，进行分别对待，从而获得数据库安全保密的设计。]

2.1.2 SQL Server 2005 数据库的存储结构

数据库的存储结构分为逻辑存储结构和物理存储结构两种。

1. 逻辑存储结构

数据库除了数据的存储，所有与数据处理操作相关的信息也都存储在数据库中。数据库的组成，如表、视图、索引等各种对象分别用来存储特定信息并支持特定功能，以构成数据库的逻辑存储结构。

2. 物理存储结构

数据库在磁盘上的存储方式称为物理存储结构。数据库在磁盘上是以文件为单位进行存储的，它由数据文件和事务日志文件组成。通常，一个数据库至少包含一个数据文件和一个事务日志文件。

在 SQL Server 2005 中，数据库是由三类文件组成的：

1) 主数据文件(Primary Database File _.mdf)

主数据文件包含数据库的启动信息，并指向数据库中的其他文件；每个数据库有且仅有一个主数据文件。

2) 辅助数据文件(Secondary Database File _.ndf)

辅助数据文件存储主数据文件未存储的其他数据和对象。作用是将数据分散到多个磁盘上。如果数据库超过了单个 Windows 文件的最大容量，则可以使用辅助数据文件，这样数据库就能继续增长。辅助数据文件可以没有，也可以有多个。

3) 事务日志文件(_.ldf)

事务日志文件保存用于恢复数据库的日志信息；每个数据库至少有一个日志文件，也可以有多个。

2.1.3 视图

视图是由一个或多个基本表或其他视图导出的表。视图包含行和列，就像一个真实的表，视图中的字段来自一个或多个数据库中的真实的表中的字段。与基本表不同的是，视图是虚表。这意味着数据库中保留视图的逻辑定义，而不是作为表实际存储在数据库中。对视图的查询实际是转换成对基本表的数据查询。视图就像一个窗口，让用户只能看到数据库中自己感兴趣的数据。

视图是定义在基本表之上的，对视图的操作最终都是转换成对基本表的操作。定义视图的用途主要是：

1. 简化用户操作

视图可以使用户只将注意力集中在他所关心的数据上。当这些数据来自于多张表时，可以使用户看到的数据结构简单清晰，并且也简化了数据查询操作。

2. 提供数据逻辑独立性

视图提供了数据的逻辑独立性。即当数据库添加新的关系，或原有关系中添加新的属性时，用户或用户的程序不会受影响。

3. 提供安全保护

有了视图，就可以在设计数据库应用系统时，对不同用户定义不同的视图，以便部分数据不会出现在不应看到这些数据的用户视图中，这样就可以实现数据的安全保护。

视图也有不少缺点，如操作视图会比直接操作基础表慢，所以尽量要避免在大型表上创建视图，也尽量不要创建嵌套视图。因为若这样，在查询时会多次重复访问基础表，而带来性能损耗。如果一定需要大型表或者复杂定义的视图，则可以使用存储过程来代替。

2.2 项目实践

※ 项目引入：学生信息管理数据库 ※

学生信息管理数据库用于存放学生的学号、姓名等个人信息，还有学生的成绩以及相关的课程信息，以便于学生查询或教师管理。数据库一共有三张表，分别是：学生表，表结构如表 2-1 所示，具体数据如表 2-2 所示；课程表，表结构如表 2-3 所示，具体数据如表 2-4 所示；成绩表，表结构如表 2-5 所示，具体数据如表 2-6 所示。数据表中常用的数据类型说明可参照表 2-7。

表 2-1　学生表结构

列　名	数据类型	是否允许空
学号	nchar(7)	NO
姓名	varchar(20)	NO
性别	char(2)	YES
年龄	int	YES
系	varchar(20)	NO

表 2-2　学生表数据

学号	姓名	性别	年龄	系
4123001	李庆	男	18	计算机
4123002	张涛	男	19	计算机
4124001	孙天昊	男	20	电子
4125001	计优然	女	19	经济管理
4125002	罗一恒	男	20	经济管理

表 2-3　课程表结构

列　名	数据类型	是否允许空	规　范
课程号	int	NO	标识，从 1001 开始自动增长
课程名	vachar(20)	YES	
授课教师	vachar(10)	YES	

表 2-4　课程表数据

课程号	课　程　名	授课教师
1001	数据库	张兰
1002	大学英语	李强
1003	计算机程序设计	王刚
1004	大学体育	赵兰兰

表 2-5　成绩表结构

列　名	数据类型	是否允许空
学号	nchar(7)	NO
课程号	int	NO
成绩	int	YES

表 2-6　成绩表数据

学　号	课　程　号	成　绩
4123001	1001	70
4123001	1003	78
4123002	1004	85
4125002	1001	80
4125002	1004	91

表 2-7　常用数据类型说明

数据类型		具体种类
数值型	整型	smallint、int、bigint
	定点型	decimal、numeric
	浮点型	float、real
字符型		char、varchar、text
日期时间型		datetime、smalldatetime
货币型		money、smallmoney
二进制型		binary、varbinary

任务 2-1　创建数据库 student

任务分析

要使用 Microsoft SQL Server 2005 创建数据库，首先要启动数据库引擎，然后使用正确的账户信息连接服务器，最后才能在服务器中进行操作。

步骤

(1) 启动 Microsoft SQL Server 2005→SQL Server Management Studio Express。

(2) 选择服务器，登录名为 sa，输入设置的密码 123，单击“连接(C)”按钮，如图 2-20 所示。

① 为了练习本书中的例子，服务器类型为“数据库引擎”。

② 服务器名称，一般选择本地安装所在的计算机名。

③ 身份验证，选择安装时设置的身份验证模式。

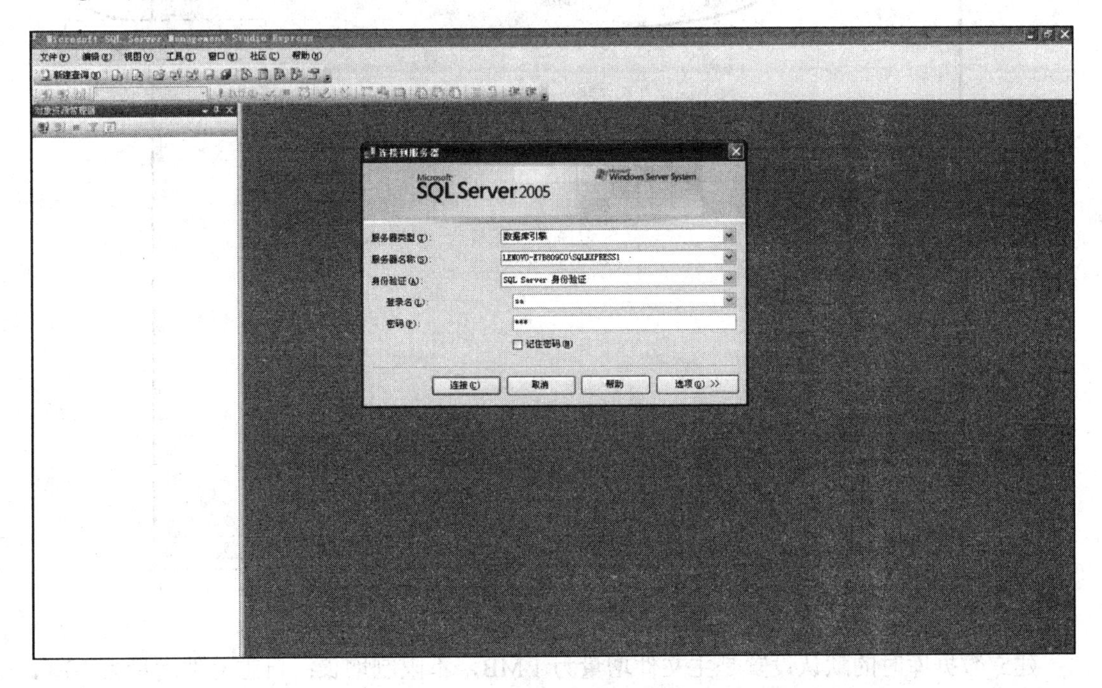

图 2-20　SQL Server 2005 登录界面

(3) 在“对象资源管理器”窗口中的“数据库”文件夹处点击鼠标右键，选择菜单“新建数据库(N)”，如图 2-21 所示。

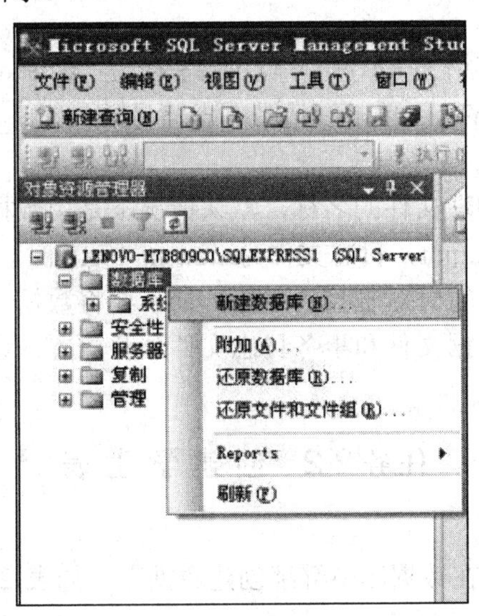

图 2-21　新建数据库

(4) 在弹出的对话框中，输入数据库名称“student”，点击“确定”按钮，数据库建立完成，如图 2-22 所示。

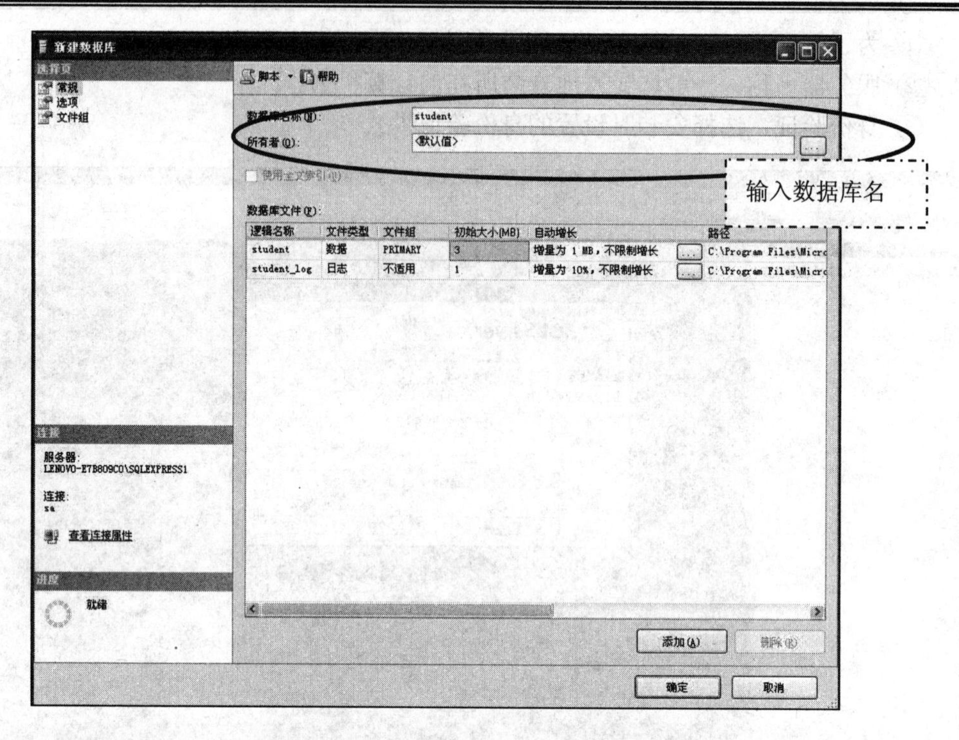

图 2-22　输入新建数据库名称

建立数据库时的默认设置是主文件增量为 1 MB，不限制增长；日志文件增量为 10%，不限制增长。如果使用默认设置，文件会无限增长，对于数据库维护较方便，但在实际生产环境中建议还是设置“限制文件增长”。或者当用到一定时间时可以使用缩小操作，方法是右键点击你要收缩的数据库名称→“任务”→“收缩”数据库或者收缩文件，再点击“确定”按钮即可。

数据库文件存放的物理位置，默认路径是 C:\Program Files\Microsoft SQL Server\MSSQL.1\MSSQL\DATA。单击右边带有省略号的按钮[...]，可以更改数据库文件的位置。

存储数据库中数据的物理文件的名称，默认情况下是用数据库名称。例如本任务建立的数据库文件分别为 student.mdf，日志文件为 student_log.ldf。

注意：为了避免数据读写时对磁盘的争抢，请不要将数据文件存放于包含操作系统文件的磁盘中；同时，要将数据文件和事务日志文件分开放置，这样分隔开来可以给数据库带来最佳的性能。

任务 2-2　创建学生表

任务分析

数据库创建完成，可以在数据库中继续创建数据表，如表 2-1、2-2 所示。创建学生表时要注意主键的设置方法。

步骤

(1) 在“对象资源管理器”中，将“数据库”展开，可以观察到刚才所新建的“student”

数据库，将其展开，在“表”文件夹处点击鼠标右键，选择菜单“新建表(N)”，如图 2-23 所示。

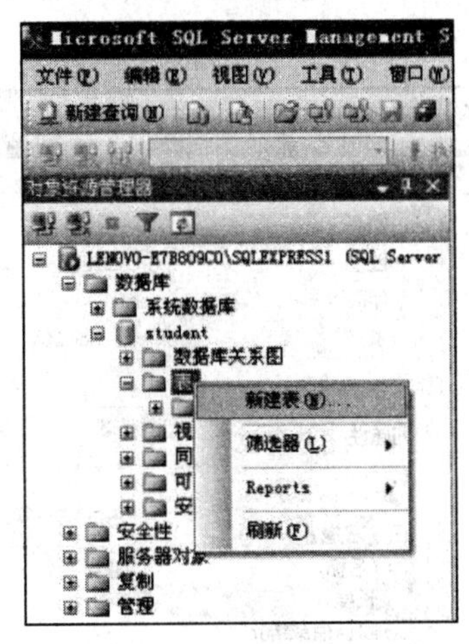

图 2-23　新建学生表

(2) 在弹出的对话框中，参照表 2-1 分别输入学生表的各个属性，如图 2-24 所示。

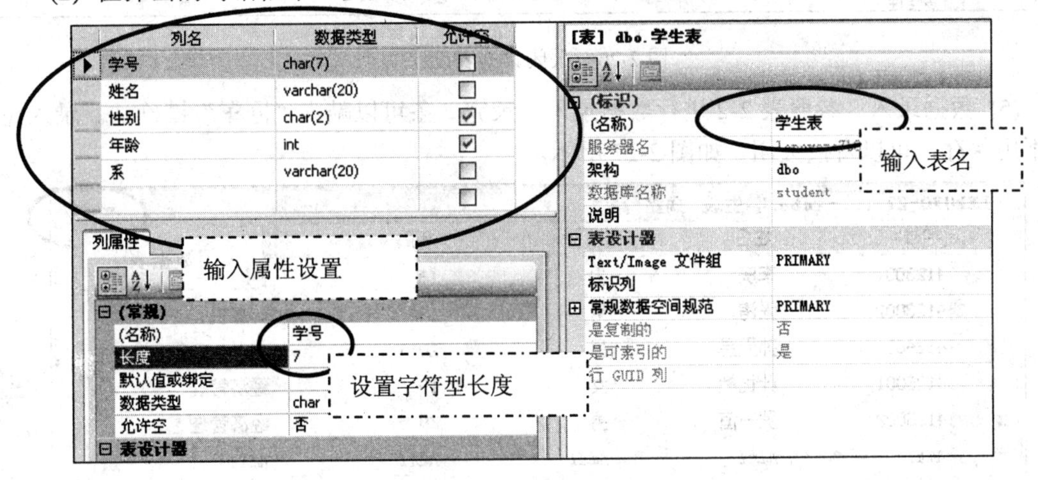

图 2-24　设置学生表属性

(3) 点击鼠标右键“学号”属性，选择菜单“设置主键(Y)”，将学号设为学生表的主键，如图 2-25 所示。

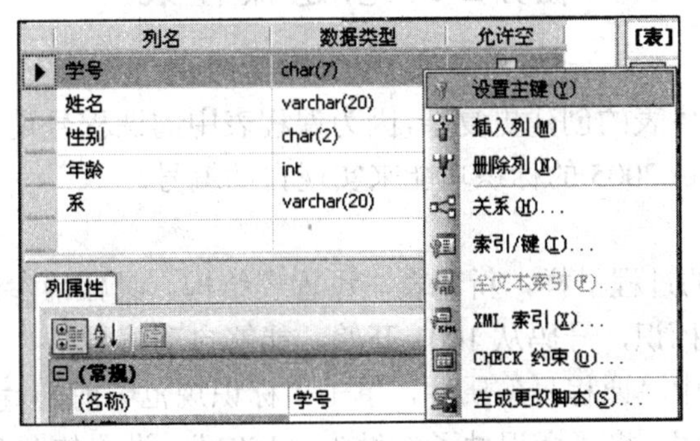

图 2-25　学生表主键的设置

(4) 保存。点击工具栏中的按钮，进行表结构的保存。关闭数据表设计后，可以在对象资源管理器中鼠标右键点击数据表，选择“打开表(O)”，准备输入数据。如图 2-26 所示。

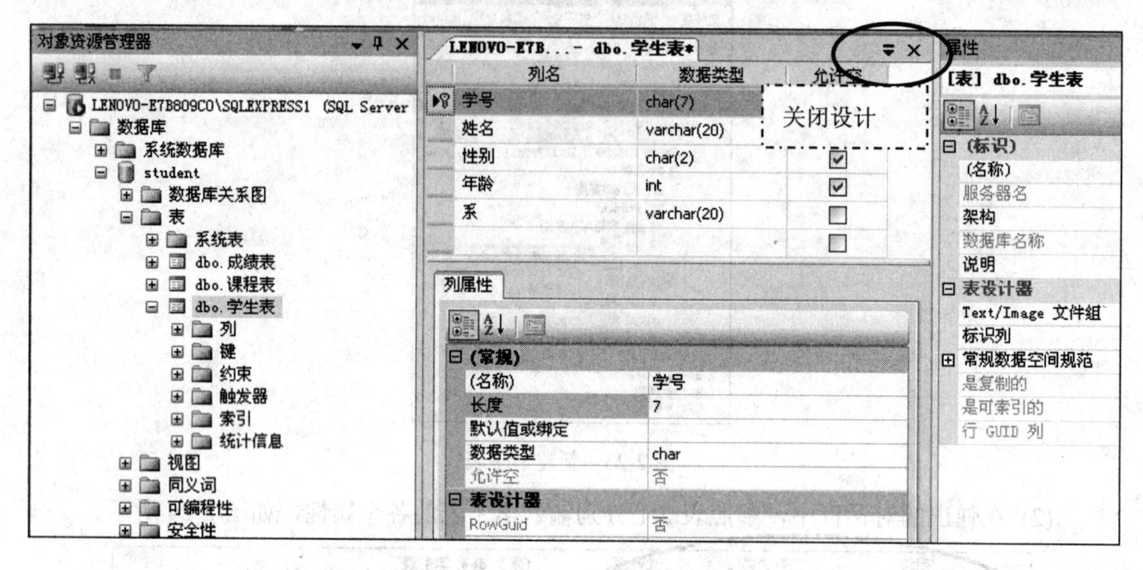

图 2-26 关闭数据表设计

(5) 数据录入。参照表 2-2 进行数据录入，录完一条可以敲击“回车”键确认。录入完成不用保存，可以直接关闭，如图 2-27 所示。

LENOVO-E7... - dbo.学生表 | 摘要 — 关闭数据表

学号	姓名	性别	年龄	
4123001	李庆	男	18	
4123002	张涛	男	19	计算机
4124001	孙天昊	男	20	电子
4125001	计忧然	女	19	经济管理
4125002	罗一恒	男	20	经济管理
NULL	NULL	NULL	NULL	NULL

图 2-27 学生表数据的录入

任务 2-3 创建课程表

任务分析

课程表的创建比学生表的创建更复杂，因为课程表中的课程号是从 1001 开始逐渐递增，所以可以使用 SQL Server 2005 的标识功能来实现自动编号。

步骤

(1) 同创建学生表的过程一样，新建表，设置表结构，具体请参照表 2-3 所示。课程表结构中，课程号应设为标识，号码从 1001 开始，能够自动编号。

具体设置如下：选中“课程号”属性，单击“标识规范”前的⊞，将其展开。将“(是标识)”下拉值改为“是”，将“标识种子”设为“1001”，设置如图 2-28 所示。

(2) 输入课程表数据，具体值请参照表 2-4 所示。请注意在输入数据时，不必输入课程号，因为换行后系统会自动生成。

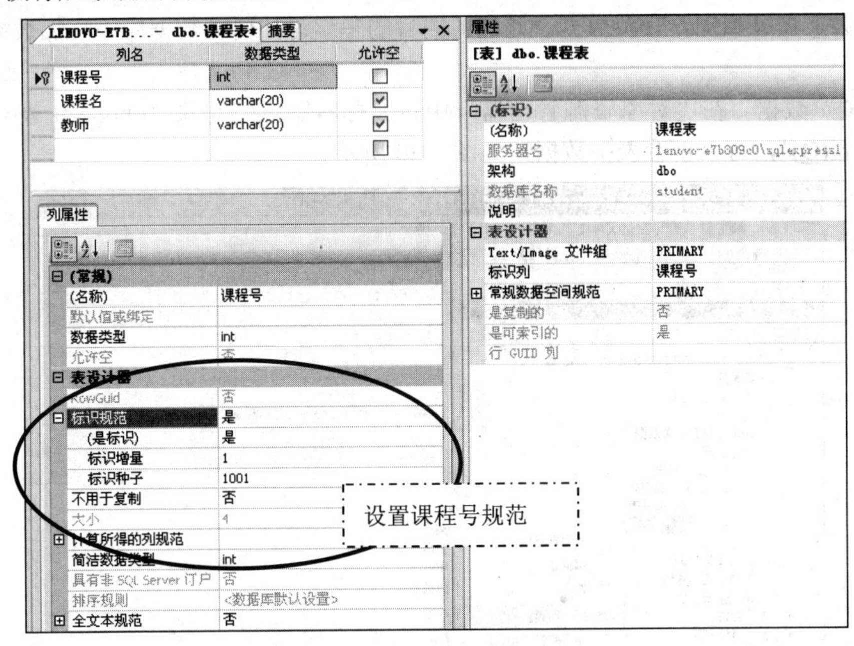

图 2-28　课程表结构的设置

『练习』

对照表 2-5 和表 2-6，完成成绩表结构的设置和成绩表数据的录入。当主键为多个属性时，按住键盘“Shift”键，分别选中“学号”和“课程号”，再单击鼠标右键，将“学号”和“课程号”可同时设为主键，如图 2-29 所示。

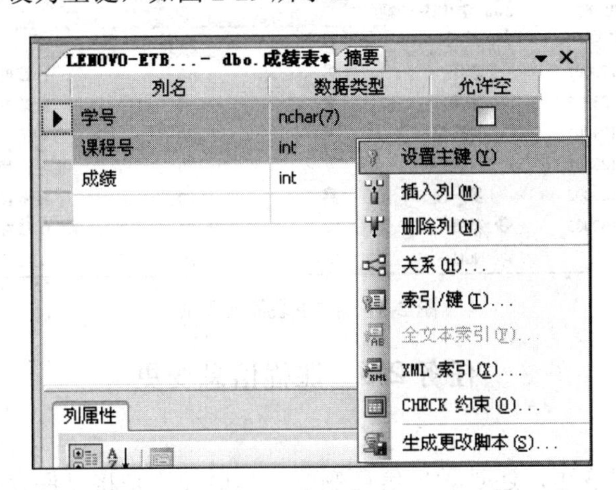

图 2-29　设置成绩表主键

任务 2-4　新 生 注 册

需要添加一个新生的信息，学号为 4152003，姓名为蔡青，女，21 岁，专业是信息管理”。

任务分析

新生注册功能的原理就是将新生的个人信息存入学生信息管理数据库，所以注册操作其实就是为数据表添加一行新数据。此任务的目的是学习如何在数据库中添加数据。

步骤

(1) 浏览数据。在“对象资源管理器”中，鼠标右键点击对象“dbo.学生表”，选择菜单“打开表(O)”，可以查看表中数据，如图 2-30 所示。

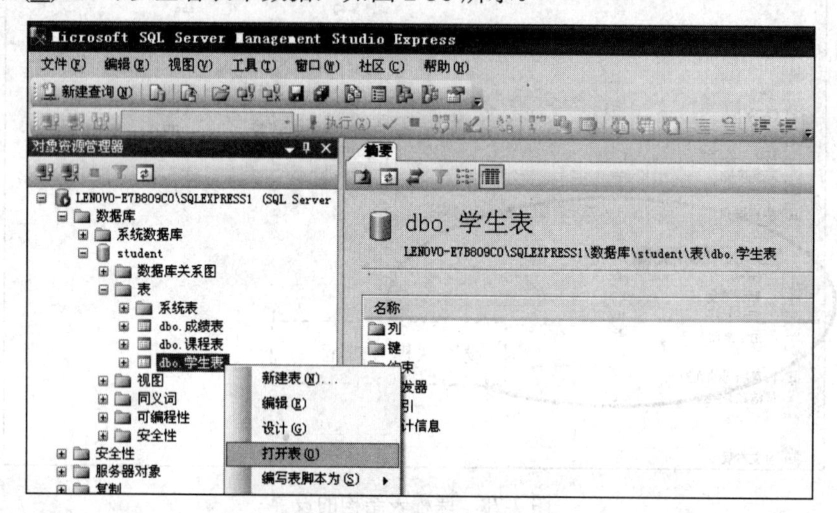

图 2-30 打开学生表

(2) 添加数据。添加一行新学生信息(“4152003”，“蔡青”，“女”，“21”，“信息管理”)，完成新生的注册，如图 2-31 所示。感叹号表示数据单元格内容有修改，还未提交到数据库中，信息全部输入完毕点击“回车”键确认，这时感叹号提示就会消失。

LENOVO-E7... - dbo.学生表 | 摘要

	学号	姓名	性别	年龄	系
	4123001	李庆	男	18	计算机
	4123002	张涛	男	19	计算机
	4124001	孙天昊	男	20	电子
	4125001	计优然	女	19	经济管理 ...
	4125002	罗一恒	男	20	经济管理 ...
✎	4152003 ❶	蔡青 ❶	女 ❶	21 ❶	信息管理
*	NULL	NULL	NULL	NULL	NULL

图 2-31 学生表添加数据

任务 2-5 课程信息变更

任务分析

无论是课程信息变更，还是学生信息变更，其原理均是将已保存在数据库中的数据进行修改。此任务目的是学习如何修改数据库中的数据。

如表 2-4 所示，现需要将课程号“1001”的课程名从原来的“数据库”变更为“数据库应用实务”。

与任务 2-4“新生注册”类似，首先打开“课程表”，进入数据浏览界面，即可修改课程表数据。但是在操作时会发现无法录入中文。这种情况一般出现在表的第一列为标识列，并且打开表时表中已经存在数据的情形，此时，光标定位在第一条记录的标识列中，若将光标定位到其他的编辑框，将无法录入中文。解决这种问题的方法是修改表结构，将标识列定义不要放置在表的第一列。

步骤

(1) 修改课程表结构。先关闭课程表的数据，然后在“对象资源管理器”中，鼠标右键点击对象“dbo.课程表”，选择菜单“设计(G)”，如图2-32所示。

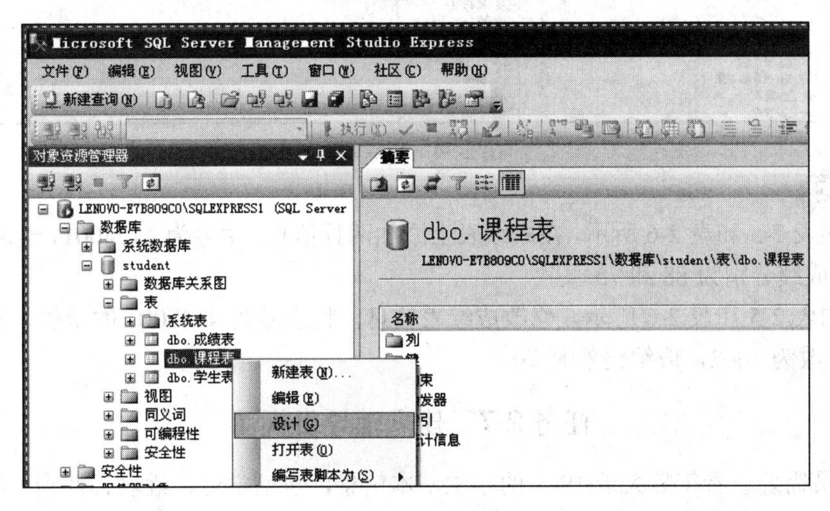

图2-32　修改课程表

(2) 选中第一列“课程号”，将其拖至“教师”列的下方，然后松开鼠标，结果如图2-33所示。保存后关闭设计界面。

LENOVO-E7B...- dbo.课程表*　摘要

列名	数据类型	允许空
课程名	varchar(20)	☑
教师	varchar(20)	☑
课程号	int	☐
		☐

图2-33　设计界面

(3) 修改课程表数据。在“对象资源管理器”中，鼠标右键点击对象“课程表”，选择菜单“打开表(O)”，可将第一列值“数据库”更改为“数据库应用实务”。保存后关闭数据浏览界面。

任务2-6　学生退学处理

将学号为4152003的学生进行退学处理。

任务分析

退学，是指将该学生在学生表中的信息彻底从数据库中删除。此任务的目的是学习如何删除数据库中的任意一行数据。

步骤

打开学生表数据，鼠标右键点击要删除的数据，选择菜单“删除(D)”，将会弹出提示信息“是否要永久删除这一行”，选择“是”，即可删除该学生的所有信息，如图2-34所示。

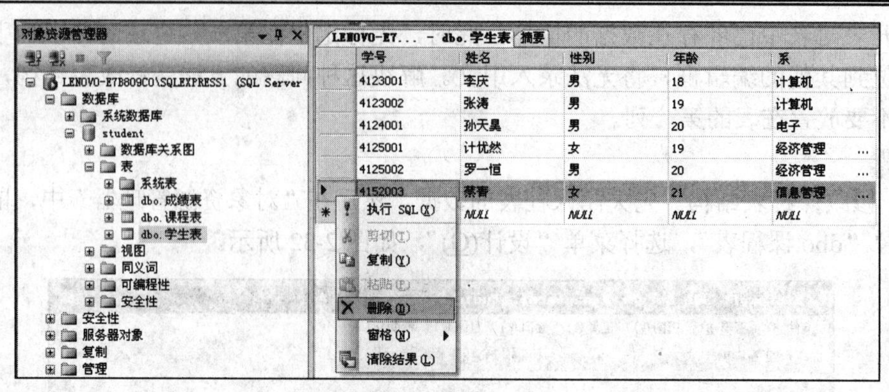

图 2-34 删除数据

『练习』

(1) 如表 2-5 和表 2-6 所示，在成绩表上添加两行信息，学号为 4124001，学习课程 1003 和 1004，成绩分别为 88 和 75。

(2) 如表 2-5 和表 2-6 所示，修改成绩表信息，将学号为 4123001 的学生，学习的课程号将 1001 改为 1002，成绩仍然是 70。

任务 2-7 建立辅导员视图

辅导员需要查看年龄大于 19 岁的学生基本信息，包括学号、姓名、性别、年龄、系，要求结果按学号升序显示。

任务分析

辅导员需要查看的学生信息以个人信息为主，所以只需要学生表数据。辅导员需要的数据不是所有的学生信息，因此需要进行条件筛选。此任务的目的是学习如何基于单张表进行视图的创建。

步骤

(1) 在“对象资源管理器”中，鼠标右键点击对象“视图”，选择菜单“新建视图(N)”，如图 2-35 所示。

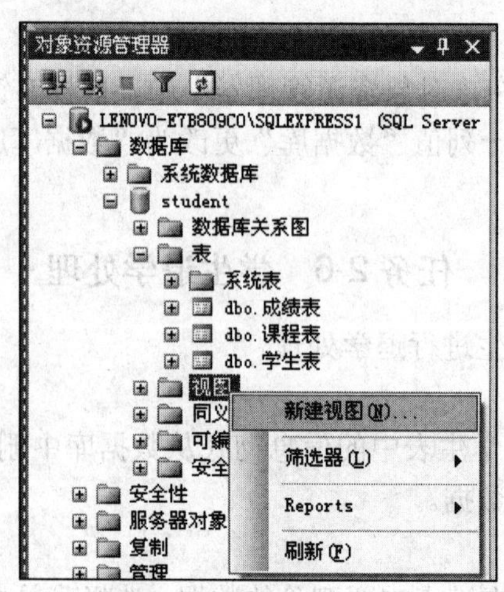

图 2-35 新建视图

(2) 将弹出“添加表”界面。因为本视图所需的信息只需要添加学生表即可，所以在“表”的下拉选项中选中“学生表”，先点击“添加(A)”按钮，然后点击“关闭(C)”按钮，如图2-36所示。

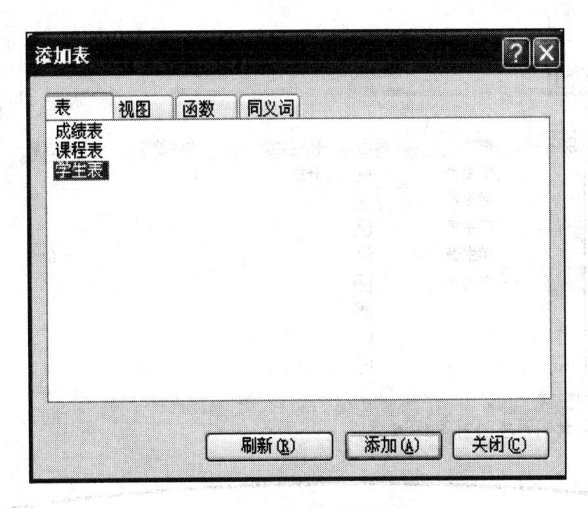

图2-36　选择视图所需表

(3) 在视图编辑器中，最上方是“关系图窗格”，显示各表之间的关系；中间是“条件窗格”，可以进行各类条件的设置；第三行是“SQL窗格”，会自动显示已产生的SQL语句；到下一步显示结果后还将出现一行“结果窗格”。

在“条件窗格”中，第一列的“列”，下拉选择视图将会出现所需要的属性，分别有“学号”、“姓名”、“性别”、“年龄”和“系”；

在“学号”属性所对应的“排序类型”中，选择“升序”；

在“年龄”属性所对应的“筛选器”中，输入筛选条件“>19”。

最终显示界面如图2-37所示。

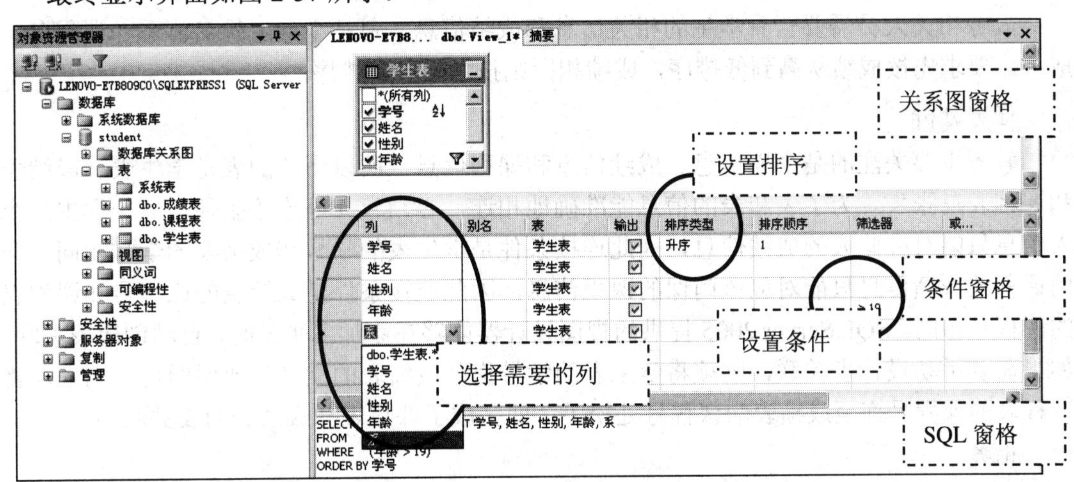

图2-37　视图设计显示界面

(4) 在视图编辑器的任意位置点击鼠标右键，选择菜单“执行SQL(X)”，将会在编辑器的最下方出现视图的最后显示结果，如图2-38所示。

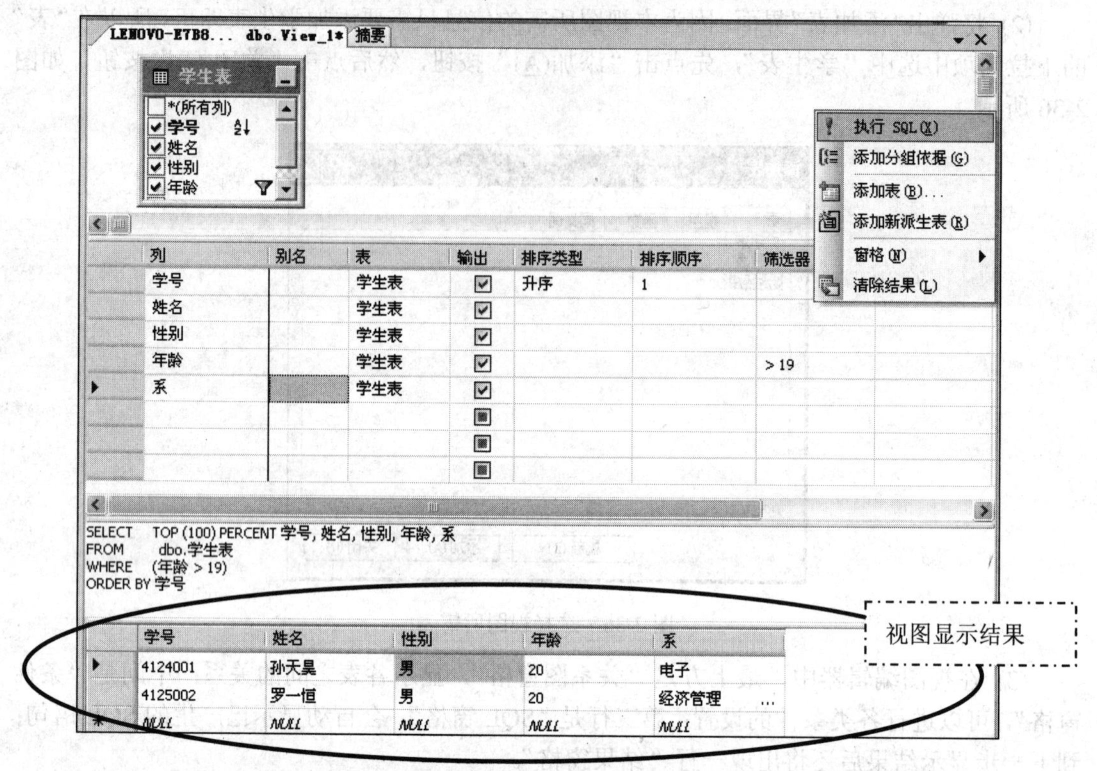

图 2-38　视图显示结果

(5) 单击工具栏中的“保存”按钮，进行视图的保存，输入视图名称“F1”，点击“确定”按钮。辅导员视图建立完成。

任务 2-8　建立教务视图

教务相关人员需要查看学生的相关信息和成绩信息，包括学号、姓名、系、课程名、成绩。要求先按成绩从高到低排序，成绩相同则按学号升序排序。

任务分析

教务主要关注的是个人信息、成绩信息和课程信息，所以需要的表是学生表、成绩表和课程表三张表。为了表和表的信息能准确地相连，必须建立好连接条件。一个学生的个人信息只能对应此人的成绩信息，因此连接条件是学生表的学号和成绩表的学号相同。一门课程的成绩信息只能对应该门课的课程信息，因此连接条件是成绩表的课程号和课程表的课程号相同。SQL Server 2005 提供的视图设计器能够在添加多张表时，自动创建表关联。如果需要手动设计表关联，则须将学生表的学号拖至成绩表的学号处放手即可；同理，将课程表的课程号拖至成绩表的课程号处松手，即完成了课程表与成绩表的表关联。

步骤

(1) 同任务 2-7 辅导员视图类似，先新建视图。本视图需要的是学生表的学号、姓名等属性和课程表的课程名以及成绩表的成绩，所以请按顺序，先添加“成绩表”，然后再添加“学生表”和“课程表”，建立表关联，如图 2-39 所示。

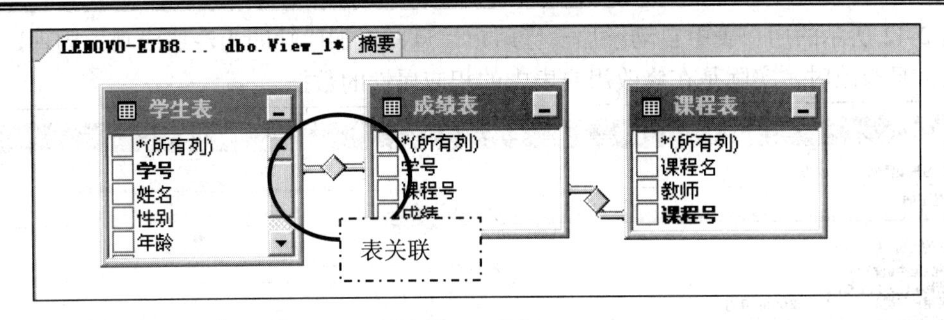

图 2-39　建立表关联

(2) 分别选择列学生表的“学号”、“姓名”和“系”，课程表的“课程名”，成绩表的“成绩”属性。先选择“成绩”属性对应的“排序类型”为“降序”，“排序顺序”为“1”，再选择“学号”属性对应的“排序类型”为“升序”，“排序顺序”为“2”。视图的属性设置和运行的视图结果如图 2-40 所示。教务视图建立完成。

列	别名	表	输出	排序类型	排序顺序	筛选器	或...
学号		学生表	☑	升序	2		
姓名		学生表	☑				
系		学生表	☑				
课程名		课程表	☑				
成绩		成绩表	☑	降序	1		

```
SELECT    TOP (100) PERCENT dbo.学生表.学号, dbo.学生表.姓名, dbo.学生表.系, dbo.课程表.课程名, dbo.成绩表.成绩
FROM       dbo.成绩表 INNER JOIN
              dbo.学生表 ON dbo.成绩表.学号 = dbo.学生表.学号 INNER JOIN
```

学号	姓名	系	课程名	成绩
4125002	罗一恒	经济管理　…	大学体育	91
4124001	孙天昊	电子	计算机程序设计	88
4123002	张涛	计算机	大学体育	85
4125002	罗一恒	经济管理　…	数据库应用实务	80
4123001	李庆	计算机	计算机程序设计	78
4124001	孙天昊	电子	大学体育	75
4123001	李庆	计算机	数据库应用实务	70

图 2-40　视图的属性设置和视图结果

『练习』

建立学生视图。要求：显示学号、姓名、性别、课程名、成绩。要求只显示成绩 >60 分的信息，结果显示按成绩从高到低排序。

2.3　融 会 贯 通

了解了学生注册的原理，各种论坛、博客或交友等网站的会员注册原理均与其类似，其本质均是在信息表中添加一行新数据；掌握了学籍变更等数据的操作原理，对各种网站或各种系统的信息修改功能就会触类旁通，如个人信息修改、密码修改等，其本质都是通过界面修改表中存放的数据；关于退学情况的处理，有助于了解各类信息删除功能的原理。

如图 2-41 所示为某论坛的注册页面，当用户将注册信息填写好，选择“注册”后，就

会在图 2-42 所示的用户表中自动添加一行用户信息，添加成功即为注册成功。同理，当进行个人信息修改时，实际是在修改用户表中的相应属性的数据。

	新用户注册
用户名： 注册用户名长度限制为0－10字节	
请输入验证码：	5474
性别： 请选择您的性别	◉ 男孩　○ 女孩
论坛密码(至少6位)： 请输入密码，区分大小写。 请不要使用任何类似 '*'、' ' 或 HTML 字符	
论坛密码(至少6位)： 请再输一遍确认	
密码问题： 忘记密码的提示问题	
问题答案： 忘记密码的提示问题答案，用于取回论坛密码	
Email地址： 请输入有效的邮件地址，这将使您能用到论坛中的所有功能	检测帐号
显示高级用户设置选项	注册　清除

图 2-41　论坛注册页面

LENOVO-E7B8... - dbo.user　摘要

用户名	密码	性别	密码问题	答案	Email	头像	签名
abc	12345	男	你的家乡是哪里	苏州	abc@abc.com	tx4.jpg	曾经沧海难为水
张小小	abc123	女	你最喜欢的水果	苹果	zxx@qq.com	tx16.jpg	忙碌，但是充实

图 2-42　用户表

2.4　习　　题

1．建立项目一中的任务 1-3——图书管理数据库。要求：Borrow 表中的借阅号为从 1 开始的自动编号。

Book(<u>图书号</u>，标题，作者，价格，ISBN)

Reader(<u>读者号</u>，读者姓名，Email)

Borrow(<u>借阅号</u>，图书号，读者号，借阅日期，归还日期)

2．建立读者借阅信息视图。要求：显示借阅号、读者号、读者姓名、图书号、借阅日期、归还日期。

3．建立图书借阅信息视图。要求：显示借阅号、图书号、标题、作者、读者号、借阅日期、归还日期。

项目三　小区物业管理数据库

3.1　相关知识

3.1.1　关系运算

数据库已创建好，用户除了能对数据库中的数据表进行增、删、改等操作外，主要是进行各类查询。表达各种各样的查询要求将会涉及关系运算。关系的基本运算有两类：一类是传统的集合运算(并、差、交等)，另一类是专门的关系运算(投影、选择、连接、除法等)。下面将简单介绍几种常用的关系运算。

1. 投影

关系 R 上的投影是指从 R 中取出若干属性列，组成一个新的关系，结果中删除重复的元组，如图 3-1 所示，记为$\Pi_A(R)$，其中 A 为 R 中的某些属性列。

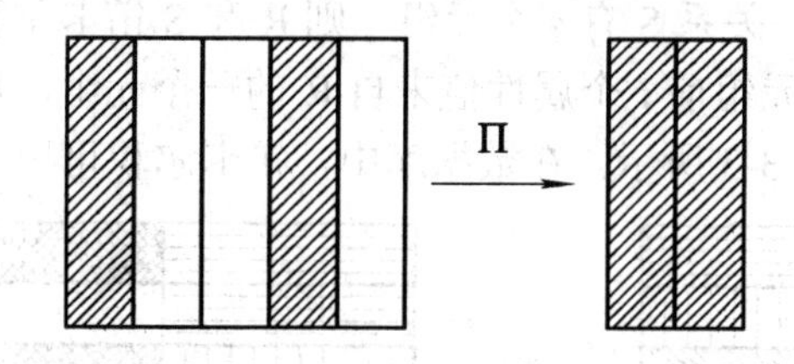

图 3-1　投影操作

2. 选择

选择是根据一定的条件在关系中选出若干元组，组成一个新的关系，如图 3-2 所示。对于关系 R 的选择可记为 $\sigma_F(R)$，F 为选取的条件。它是由运算对象(属性名、常数、简单函数)、算术比较运算符(＞，≥，＜，≤，＝，≠)和逻辑运算符(∨，∧，¬)连接起来的逻辑表达式，结果为逻辑值“真”或“假”。

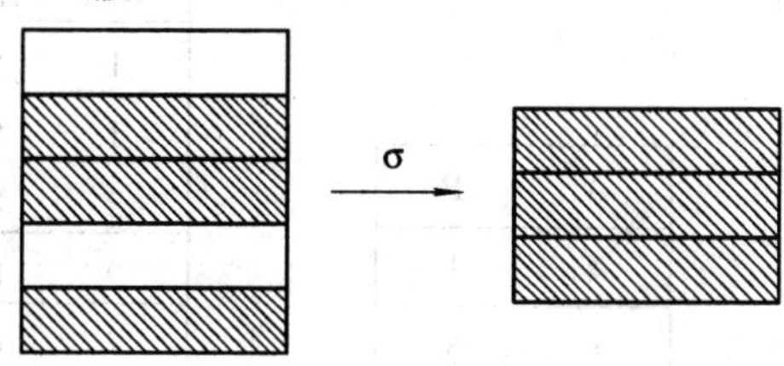

图 3-2　选择操作

【例 3-1】　已知关系 R，计算：(a) $\Pi_{A,C}(R)$；(b) $\sigma_{B='5'}(R)$；(c) $\sigma_{C>'3'}(R)$。

A	B	C
1	5	7
2	8	9
7	0	2
7	1	2

关系 R

A	C
1	7
2	9
7	2

(a) $\prod_{A,C}(R)$

A	B	C
1	5	7

(b) $\sigma_{B='5'}(R)$

A	B	C
1	5	7
2	8	9

(c) $\sigma_{C>'3'}(R)$

Π 操作要点：将需要的属性值全部取出，结果中除去重复的元组。(a)题只要将 A、C 属性的值全部取出即可。

σ 操作要点：将满足条件的元组取出。(b)题是找出 B 属性等于 5 的元组，将满足条件的整行数据取出即可。(c)题是找出 C 属性大于 3 的元组，将满足条件的整行数据取出即可。

选择和投影中的属性也可以用属性的序号来表示，如$\Pi_{A,C}(R)$可记为$\Pi_{1,3}(R)$。又如，$\sigma_{B='5'}(R)$可记为 $\sigma_{2='5'}(R)$，其中常量 5 为了和属性序号相区别，故用单引号括起来。

3. 笛卡尔积

设关系 R 有 r 个元组，关系 S 有 s 个元组，则 R 和 S 笛卡尔积的结果是一个元组个数为 r×s 的新关系，每一个元组前 r 个属性值来自 R 的一个元组，后 s 个属性值来自 S 的一个元组，记为 R×S，如图 3-3 所示。在数据库中，笛卡尔积可用于两个关系的连接操作。

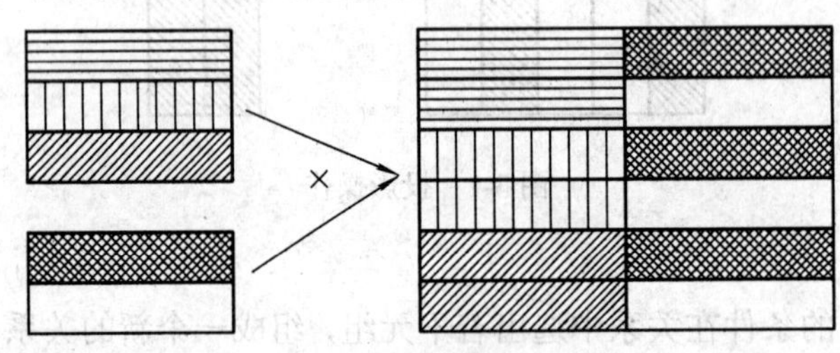

图 3-3　笛卡尔积操作

【例 3-2】　已知关系 R 和 S，计算 R×S。

A	B	C
1	5	7
2	8	9
7	0	2

关系 R

A	B
4	1
6	5

关系 S

R.A	R.B	C	S.A	S.B
1	5	7	4	1
1	5	7	6	5
2	8	9	4	1
2	8	9	6	5
7	0	2	4	1
7	0	2	6	5

R×S

× 操作要点：先取出关系 R 的第一个元组，依次和 S 的每个元组连接，得到结果的前两个元组；再取出 R 的第二个元组，依次和 S 的每个元组连接，依此类推。本题 R 有 3 个元组，S 有 2 个元组，所以最后笛卡尔积的结果共有 3 × 2 = 6 个元组。

4. 条件连接

条件连接运算是从两个关系的笛卡尔积中选取满足条件的元组，形成一个新的关系，如图 3-4 所示。关系 R 和关系 S 的连接记为 $R \underset{i\theta j}{\infty} S$。其中，i 表示关系 R 的第 i 个属性的序号；j 表示关系 S 的第 j 个属性的序号；θ 为算术比较运算符。当然，i 和 j 也可以直接写为对应的属性名。

如果 θ 为等号，则该连接操作为“等值连接”。

当条件有多个时，用∧表示条件的“和”关系，用∨表示条件的“或”关系。

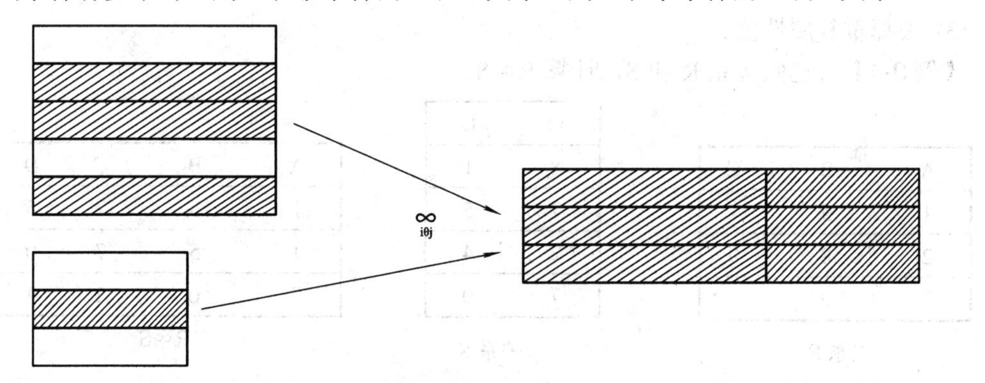

图 3-4　条件连接

【例 3-3】　已知关系 R 和 S，计算：(a) $R \underset{1>2}{\infty} S$；(b) $R \underset{2=2}{\infty} S$。

A	B	C
1	5	7
2	8	9
7	0	2

关系 R

D	E
4	1
6	5

关系 S

A	B	C	D	E
2	8	9	4	1
7	0	2	4	1
7	0	2	6	5

(a) $R \underset{1>2}{\infty} S$

A	B	C	D	E
1	5	7	6	5

(b) $R \underset{2=2}{\infty} S$

$\underset{i\theta j}{\infty}$ 操作要点：将两个关系中满足条件的元组连接。

$R \underset{1>2}{\infty} S$ 可以写为 $R \underset{A>E}{\infty} S$，$R \underset{2=2}{\infty} S$ 也同样可以记为 $R \underset{B=E}{\infty} S$。(a)题是 R 中 A 属性的值若

大于 S 中 E 属性的值，就将两个元组连接。(b)题是 R 中 B 属性和 S 中 E 属性的值若相等，就将两个元组连接在一起。

R 条件连接是由笛卡尔积和选择操作组合而成。可以先将两个关系进行笛卡尔积，然后对笛卡尔积的结果进行条件选择。若关系中有 r 个元组，那么 $R \underset{i\theta j}{\infty} S$ 操作等价于 $\sigma_{i\theta(r+j)}(R \times S)$。

5. 自然连接

自然连接就是在两个关系有公共属性的情况下，按照公共属性值相等的条件进行的等值连接，并将结果中重复的属性值去掉。关系 R 和 S 的自然连接记为 R∞S。

R∞S 的计算过程可以分为以下几步：

(1) 计算 R×S 的值；

(2) 选择 R 与 S 中公共属性值相等的元组；

(3) 去掉重复属性值。

【例 3-4】 已知关系 R 和 S，计算 R∞S。

A	B	C
1	5	7
2	8	9
7	0	2

关系 R

C	D
8	1
7	5
2	4
7	0

关系 S

A	B	C	D
1	5	7	5
1	5	7	0
7	0	2	4

R∞S

∞操作要点：

(1) 计算 R×S；

(2) 选取满足条件 R.C = S.C 的元组；

(3) 去掉一列 C。

从计算过程中可以得出 R∞S 等价于 $\Pi_{i1,\cdots,im}(\sigma_{R.A1=S.A1\wedge\ldots\wedge R.Aj=S.Aj}(R \times S))$。其中，i1…im 指 R 和 S 的全部属性，但公共属性只出现一次；A1…Aj 是指 R 和 S 的公共属性。

3.1.2 Transact-SQL 简介

SQL(Structured Query Language)是一种关系数据库的标准语言。最初是在 1974 年由 Chamberlin 和 Boyee 提出，当时称为 Sequel(Stuctured English Query Language)，该语言主要是用英文单词来表示结构式语法规则，推出后很受用户欢迎。后来被 IBM 公司将其改名为 SQL，SQL 语言在关系数据库系统的产品，如 ORACLE、SYBASE、DB2 上都可以实现。由于 SQL 功能强大，语法简洁易用，因此很快得到计算机界的认可。现在 SQL 广泛应用于各种大型数据库，如 SYBASE、INFORMIX、ORACLE、DB2、INGRES 等，也可用于各种小型数据库，如 FOXPRO、ACCESS 等。

各数据库厂商根据 SQL 的标准开发自己的数据库及语言，比如 ORACLE 公司使用的是 PL/SQL 语言，微软公司的 SQL Server 软件使用的是 Transact－SQL 语言，简称 T-SQL。以下提到的 SQL 均是指 T-SQL。

1．数据库的创建

创建数据库的语句如下：

```
Create Database　数据库名
[ON
( [Name='数据文件名'，]
  [Filename='文件路径径名'，]
  [Size=大小，]                 --分配给文件的初始大小
 [ Maxsize=大小，]              --文件的最大空间，也可以用Maxsize=unlimited.表示。不限制
                                --数据库的大小，物理硬盘有多大，就可以存储多大的数据资料
 [ Filegrowth=大小，]           --文件增长大小
)]
[Log ON(                        --设置日志文件参数，和上边括号中的项目一样
……
)]
```

2．基本表的创建和撤销

创建基本表的语句如下：

```
Create　Table　表名
 (　列名1　　数据类型 [列级完整性约束],
列名2　　数据类型 [列级完整性约束],
……
完整性约束,
……)
```

[ ]表示该成分视具体情况可有可无。

3. 表结构的修改

建立好表结构，还可以增加列或删除列。

增加一列的语句是：

```
Alter　Table　表名　Add　列名　类型
```

删除一列的语句是：

```
Alter　Table　表名　Drop　列名[Cascade\Restrict]
```

其中，Cascade 表示若删除该列，则所有引用到该列的视图和约束都将一起被删除；Restrict 表示没有引用该列的视图和约束才能执行删除操作，否则拒绝删除。

4. 基本表的撤销

当不需要基本表时，可用下列语句将表连同该表的数据一起撤销：

```
Drop　表名 [Cascade\Restrict]
```

5. 数据更新

(1) 数据插入。

元组插入的语句是：

Insert　Into　表名(列名表)　Values(元组值)

当插入的元组中列的个数和顺序与表完全一致时，其中的列名表可以省略。

(2) 数据修改。

当数据表中的数据需要修改时，可使用如下语句：

Update　表名　　Set　列名=值　　[Where　条件表达式]

(3) 数据删除。

用 SQL 语句做数据删除是指删除元组，其语句为：

Delete　From　表名　　[Where　条件表达式]

6. 数据查询

SQL 的主要功能是数据查询。SQL 提供的数据查询语句功能丰富，使用灵活。数据查询的具体语法格式是：

SELECT　列名表

FROM　表名或视图名

[WHERE 检索条件]

[GROUP BY　列名 [HAVING　条件表达式]]

[ORDER BY　列名 [ASC|DESC]]

在 WHERE 子句中可使用的运算符如表 3-1。若用到 like(字符匹配)，则需要使用通配符，其说明见表 3-2 所示。

表 3-1　WHERE 子句中的运算符

运　算　符	说　　明
=，>，<，>=，<=，!=	比较大小
and，or	多重条件
between...and	确定范围
like	字符匹配
is null	空值

表 3-2　通配符说明

通配符	说　　明
%	表示任意 0 个或多个字符。可匹配任意类型和长度的字符，在某些情况下若是中文，请使用两个百分号(%%)来表示
-	表示任意单个字符。匹配单个任意字符，常用来限制表达式字符语句的长度
[ ]	表示括号内所列字符中的一个。指定一个字符、字符串或范围，要求所匹配对象为它们中的任意一个

查询条件各式各样，本项目将重点介绍简单查询、连接查询、子查询、带集聚函数查询的用法。

(1) 简单查询。

简单查询是指从一个数据表中进行的查询，即单表查询。

(2) 连接查询。

同一个数据库中的数据表一般都互相存在着某种联系的，当查询是针对两个以上的表时，必须按照一定的条件将这些表连接，这样就可以提供用户需要查询的信息了。涉及多张表的查询就是连接查询。

(3) 子查询。

子查询也可称为嵌套查询。有时可以将一个 SELECT-FROM-WHERE 语句嵌套在另一个 SELECT-FROM-WHERE 语句中，实现 SQL 语句的嵌套。在子查询中，最外层的查询称为父查询，下层查询则称为子查询。SQL 语句允许多层嵌套。

子查询的求解步骤是先求解最里层的子查询，得到结果后再求解其外层的父查询。因为子查询的结果是其父查询的条件，故整个处理过程是从里到外的求解过程。

父查询与子查询之间若是依靠“IN”谓词进行连接的可称为“带 IN 的子查询”，若是用“EXISTS”谓词进行连接的可称为“带 EXISTS 的子查询”。

(4) 带集聚函数的查询。

在采用 SQL 语句进行数据查询时可能会遇到一些计算，如求总和、求个数或求最大值等，这时就可以使用集聚函数。常用的集聚函数如表 3-3 所示。

表 3-3　常用的集聚函数

聚集函数	说　明
COUNT(*)	统计元组的个数
COUNT(列名)	统计一列值的个数
SUM(列名)	统计一列值的总和
AVG(列名)	统计一列值的平均值
MAX(列名)	统计一列值的最大值
MIN(列名)	统计一列值的最小值

3.2 项 目 实 践

※ 项目引入：小区物业管理数据库 ※

小区物业管理数据库主要是存放小区的房屋信息、业主的个人信息以及房屋的入住情况。一个业主可以同时拥有多套房屋，同时一套房屋可以登记两个以上业主。房屋的信息表结构如表 3-4，具体数据如表 3-5；业主的个人信息表结构如表 3-6，具体数据参照表 3-7；入住信息表的结构如表 3-8，具体数据如表 3-9 所示。

表 3-4　房屋信息表结构

列　名	数据类型	是否允许空
房屋编号	char(5)	NO
单元号	int	NO
房号	int	NO
面积	decimal(7,1)	YES
结构	varchar(20)	YES
物业费	decimal(6,1)	YES

表 3-5 房屋信息表数据

房屋编号	单元号	房号	面积(m^2)	结　构	物业费(元)
F0001	1	101	100	二室一厅	850
F0002	1	102	120	二室二厅	870
F0003	1	201	100	二室一厅	850.9
F0004	2	101	145.5	三室二厅	1200
F0005	2	402	145.5	三室二厅	1200
F0006	2	303	98	二室一厅	830.5
F0007	3	202	95	二室一厅	810.5

表 3-6 业主信息表结构

列　名	数据类型	是否允许空
业主编号	char(5)	NO
姓名	varchar(20)	YES
性别	char(2)	YES
电话	varchar(20)	YES
身份证号	varchar(25)	YES
与户主关系	Varchar(10)	YES

表 3-7 业主信息表数据

业主编号	姓　名	性　别	电　话	身份证号	与户主关系
Y1001	张三	男	111111	10011001	户主
Y1002	李四	男	222222	10021002	丈夫
Y1003	王五	女	333333	10031003	户主
Y1004	赵六	女	444444	10041004	妻子
Y1005	魏七	男	555555	10051005	户主

表 3-8 入住信息表结构

列　名	数据类型	是否允许空
业主编号	char(5)	NO
房屋编号	char(5)	NO
入住状态	varchar(10)	YES

表 3-9　入住信息表数据

业主编号	房屋编号	入住状态
Y1001	F0007	入住
Y1002	F0001	出租
Y1003	F0002	闲置
Y1004	F0003	入住
Y1004	F0006	入住
Y1005	F0004	入住

任务 3-1　用 T-SQL 命令创建小区物业管理数据库

任务：要求数据库名为 WYGL，指定数据文件位于“D:\pmDb”文件夹中。初始容量为 5 MB，最大容量为 10 MB，文件增量为 10%。

任务分析

项目二中学习的是图形化创建数据库的过程，本任务要求使用 T-SQL 命令实现数据库的创建。按照题目要求，需将数据库的保存位置、初始大小、最大容量和增量都设置清楚。

步骤

(1) 打开“Microsoft SQL Server Management Studio Express”工具栏，连接到服务器后，单击工具栏上的“新建查询(N)”按钮，打开 SQL 编辑器，如图 3-5 所示。

图 3-5　工具栏

(2) 输入建立数据库的 SQL 命令(请注意：标点符号全部是英文状态)。单击工具栏中的“！执行(X)”按钮，运行 SQL 命令，可看到“命令已成功完成。”的提示消息，如图 3-6 所示。

注意：前提是 D 盘中已建立名为 pmDb 的文件夹。

命令

```
create database WYGL
on
(   name=WYGL,
    filename="d:\pmDb\WYGL.mdf",
    size=5,
    maxsize=10,
    filegrowth=10%    )
```

(3) 在左侧“对象资源管理器”中，展开“数据库”文件夹，可以看到已有“WYGL”数据库，如图 3-6 所示。若没有出现，可用鼠标右键点击“数据库”，选择菜单“刷新(F)”。

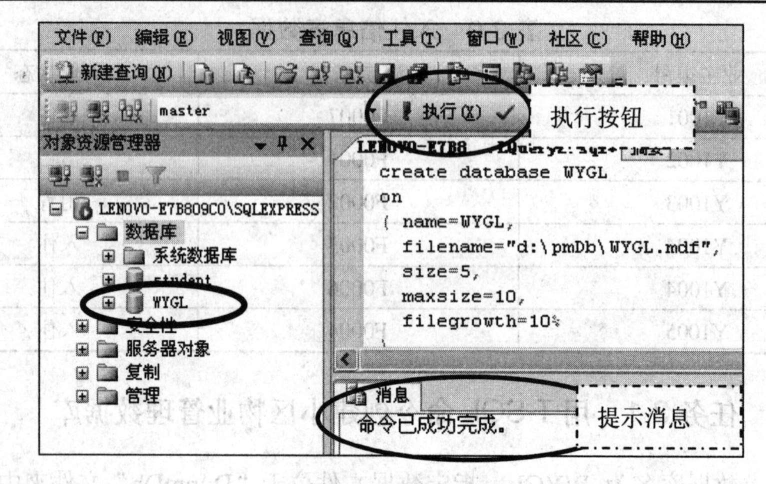

图 3-6　执行建库命令

任务 3-2　用 T-SQL 命令创建入住信息表

任务分析

因为一个业主可以拥有多套房屋，所以主键为业主编号和房屋编号。

步骤

(1) 先在对象资源管理器中展开“WYGL”数据库，鼠标右键单击对象“表”，选中“新建表”，参照表 3-4～3-7 完成房屋信息和业主信息表的建立及数据的录入。

(2) 单击工具栏上的“新建查询”按钮，打开 SQL 编辑器。

(3) 在打开的 SQL 编辑器中，输入建立入住信息表的 SQL 命令，如图 3-7 所示。单击工具栏中的“! 执行(X)”按钮，开始运行 SQL 命令，可以看到提示消息，显示命令已成功完成。

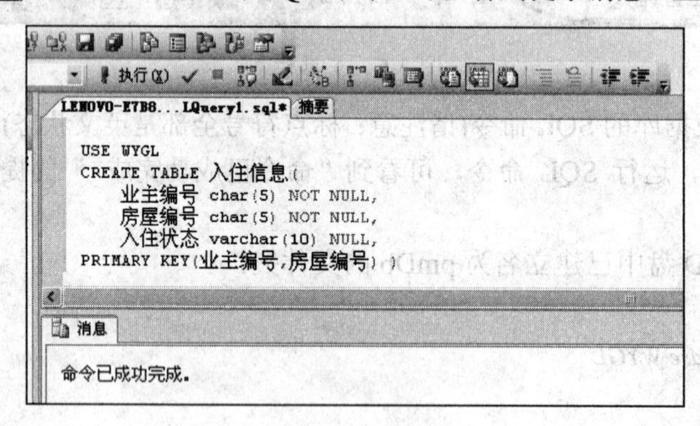

图 3-7　创建表格

命令

```
USE WYGL
CREATE TABLE 入住信息(
    业主编号 char(5) NOT NULL,
    房屋编号 char(5) NOT NULL,
    入住状态 varchar(10) NULL,
```

PRIMARY KEY(业主编号，房屋编号)，

FOREIGN KEY(业主编号) references 业主信息(业主编号)，

FOREIGN KEY(房屋编号) references 房屋信息(房屋编号))

(4) 此时数据库表已建立完成。在对象资源管理器中，鼠标右键单击对象“表”，选择菜单“刷新(F)”，刷新后可看到入住信息表已建立成功。

(5) 可选择菜单“文件”→“保存…sql”，将写好的 SQL 命令进行保存，以备以后使用。

任务 3-3　用 T-SQL 命令完成入住信息表数据的添加

任务分析

根据入住信息表外键的设置，业主编号若是业主信息表中不存在的业主，数据将不会录入成功；房屋编号若是房屋信息表中不存在的房屋，数据也不会录入成功。

步骤

(1) 方法参照任务 3-1 中的步骤(1)，新建查询，录入 7 条数据添加命令。

命令

```
INSERT INTO 入住信息(业主编号，房屋编号，入住状态)
    VALUES ('Y1001'，'F0007'，'闲置')
INSERT INTO 入住信息(业主编号，房屋编号，入住状态)
    VALUES ('Y1002'，'F0001'，'出租')
INSERT INTO 入住信息(业主编号，房屋编号，入住状态)
    VALUES ('Y1003'，'F0002'，'闲置')
INSERT INTO 入住信息(业主编号，房屋编号，入住状态)
    VALUES ('Y1004'，'F0003'，'入住')
INSERT INTO 入住信息(业主编号，房屋编号，入住状态)
    VALUES ('Y1004'，'F0006'，'入住')
INSERT INTO 入住信息(业主编号，房屋编号，入住状态)
    VALUES ('Y1005'，'F0004'，'入住')
INSERT INTO 入住信息(业主编号，房屋编号，入住状态)
    VALUES ('Y1005'，'F0001'，'入住')
```

程序中，字符串在显示时会自动变成红色，如图 3-8 所示。

```
LENOVO-E7B8...LQuery1.sql*  摘要

INSERT INTO 入住信息(业主编号,房屋编号,入住状态)
    VALUES ('Y1001','F0007','闲置')
INSERT INTO 入住信息(业主编号,房屋编号,入住状态)
    VALUES ('Y1002','F0001','出租')
INSERT INTO 入住信息(业主编号,房屋编号,入住状态)
    VALUES ('Y1003','F0002','闲置')
INSERT INTO 入住信息(业主编号,房屋编号,入住状态)
    VALUES ('Y1004','F0003','入住')
INSERT INTO 入住信息(业主编号,房屋编号,入住状态)
    VALUES ('Y1004','F0006','入住')
INSERT INTO 入住信息(业主编号,房屋编号,入住状态)
    VALUES ('Y1005','F0004','入住')
INSERT INTO 入住信息(业主编号,房屋编号,入住状态)
    VALUES ('Y1005','F0001','入住')
```

图 3-8　添加数据

(2) SQL 命令运行后会有提示消息显示，如图 3-9 所示。最后有 7 行数据添加成功。入住信息表数据的添加任务完成。

消息
(1 行受影响)
(1 行受影响)
(1 行受影响)
(1 行受影响)
(1 行受影响)
(1 行受影响)
(1 行受影响)

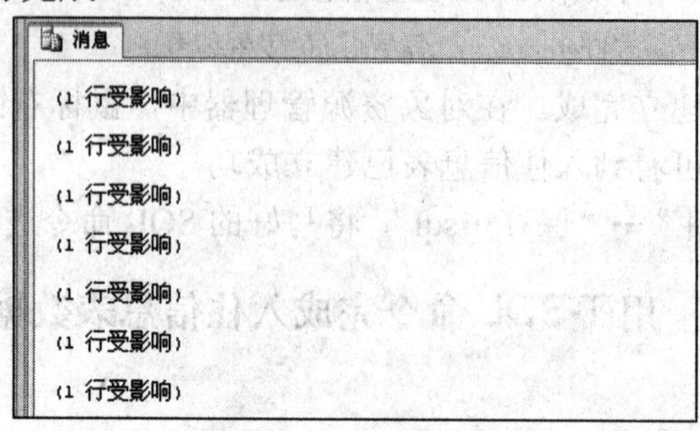

图 3-9　运行提示消息

任务 3-4　用 T-SQL 命令完成业主入住状态信息的更改

任务：编号为 Y1001 的业主，所拥有的“F0007”房屋已入住，将其入住状态由原来的“闲置”改为“入住”。

任务分析

实现信息更改，就是对数据表进行数据的修改，需要用到 T-SQL 中的 UPDATE 命令。条件是房屋编号为“0007”，业主编号为“Y1001”，要修改的是入住状态属性，无论原来是何值，都须改为“入住”。

步骤

(1) 新建查询方法参照任务 3-1 中的步骤(1)。根据表 3-9 需要添加 6 条入住信息，为了方便后续的删除操作，再加一条业主 Y1005 入住 F0001 的数据，所以需要 7 条 INSERT 命令。输入 SQL 命令。命令及提示消息如图 3-10 所示。

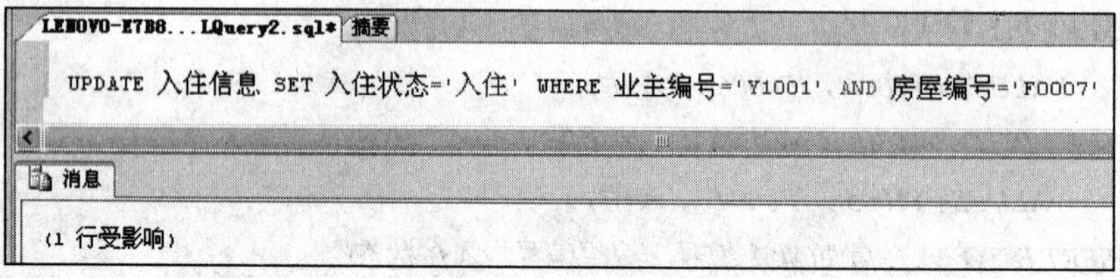

LENOVO-E7B8...LQuery2.sql*
摘要
UPDATE 入住信息 SET 入住状态='入住' WHERE 业主编号='Y1001' AND 房屋编号='F0007'
消息
(1 行受影响)

图 3-10　修改数据

注意：每个单词后均有空格。

命令

```
UPDATE  入住信息
SET  入住状态='入住'
WHERE  业主编号='Y1001'  AND  房屋编号='F0007'
```

(2) 打开入住信息表浏览数据，确认状态已更改。

任务 3-5　用 T-SQL 命令删除业主的入住信息

任务：删除业主 Y1005 所购买的 F0001 房屋的入住信息。

任务分析

T-SQL 中的删除命令，执行结果是删除整行数据。要删除数据的条件是房屋编号为

“F0001”以及业主编号为“Y1005”。

步骤

(1) 新建查询，输入删除命令。命令及提示消息如图 3-11 所示。

命令

DELETE　FROM　入住信息

WHERE　业主编号='Y1005' and 房屋编号='F0001'

图 3-11　删除数据

(2) 打开入住信息表浏览数据，确认数据已由原来的 7 行变成 6 行。

『练习』

(1) 使用 T-SQL 语句新建“缴费情况”表，结构如表 3-10 所示。

(2) 使用 T-SQL 语句添加缴费表数据，数据如表 3-11 所示。

(3) 使用 T-SQL 语句，将房屋 F0001 所缴纳的金额全部改为 850 元。

(4) 使用 T-SQL 语句，删除金额大于 1000 元的缴费信息。

表 3-10　缴费情况表结构

列　名	数据类型	允许为空
房屋编号	char(5)	NO
缴费日期	varchar(20)	NO
金额	decimal(7，1)	YES

表 3-11　缴费情况表数据

房屋编号	缴费日期	金额(元)
F0001	2010.3.19	830
F0003	2010.3.22	850.9
F0001	2011.4.6	830
F0004	2011.4.18	1200
F0006	2011.9.1	830.5

任务 3-6　T-SQL 简单查询

任务 1：查询登记的业主信息中身份为户主的业主姓名、性别和身份证号。

任务分析

查询条件为“与户主关系”中的值是“户主”，显示结果只需要“性别”和“身份证号”，这些属性都在业主信息表中，所以表只需要“业主信息”。查询结果如图 3-12 所示。

命令

SELECT　姓名，性别，身份证号　FROM　业主信息　WHERE　与户主关系='户主'

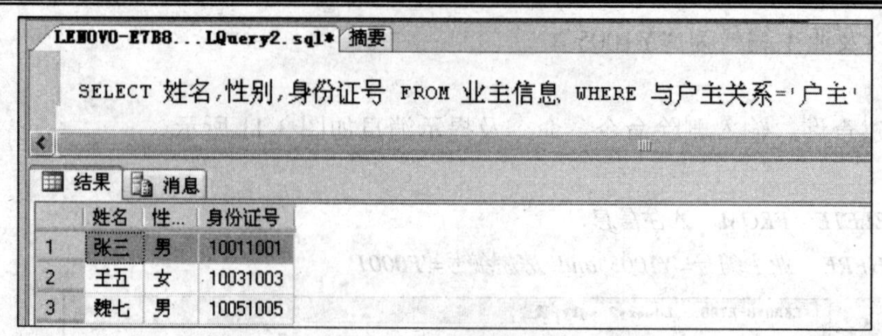
LENOVO-E7B8...LQuery2.sql* 摘要

```
SELECT 姓名,性别,身份证号 FROM 业主信息 WHERE 与户主关系='户主'
```

	姓名	性...	身份证号
1	张三	男	10011001
2	王五	女	10031003
3	魏七	男	10051005

图 3-12　查询结果显示

任务 2：查询房屋结构是二室二厅的房屋编号、单元号、房号、面积和结构。

任务分析

查询条件只需要房屋结构为“二室二厅”，显示结果需要房屋编号、单元号、房号、面积、结构，这些属性都在“房屋信息”表中。查询结果如图 3-13 所示。

命令

```
SELECT  房屋编号，单元号，房号，面积，结构
FROM  房屋信息
WHERE  结构='二室二厅'
```

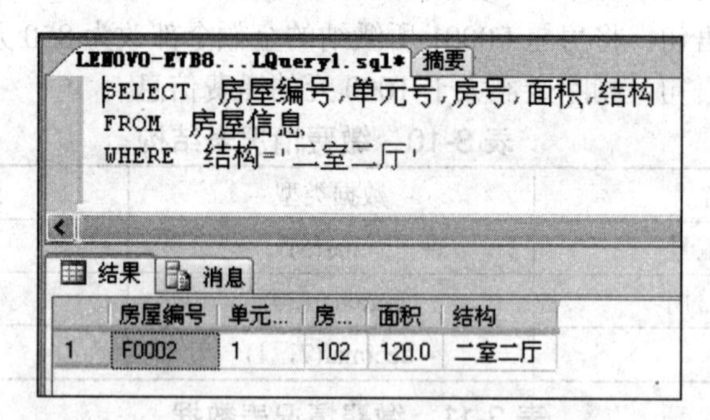
LENOVO-E7B8...LQuery1.sql* 摘要

```
SELECT 房屋编号,单元号,房号,面积,结构
FROM 房屋信息
WHERE 结构='二室二厅'
```

	房屋编号	单元...	房...	面积	结构
1	F0002	1	102	120.0	二室二厅

图 3-13　查询结果显示

任务 3-7　T-SQL 模糊查询

任务 1：查询姓“张”业主的所有信息。

任务分析

查询条件是业主姓名首字符为“张”，这需要使用“LIKE”子句并加上通配符“%”。所有信息即所有属性可用通配符“*”来代替。查询结果如图 3-14 所示。

LENOVO-E7B8...LQuery1.sql* 摘要

```
SELECT *
FROM 业主信息
WHERE 姓名 like '张%'
```

	业主编号	姓名	性...	电话	身份证号	与户主关系
1	Y1001	张三	男	111111	10011001	户主

图 3-14　查询结果

命令

```
SELECT  *
FROM    业主信息
WHERE   姓名 like '张%'
```

任务 2：查询姓“张”或“李”的业主的信息。

任务分析

查询条件是以“张”或者“李”开头的业主姓名，可以使用通配符“[]”解决多值选择。查询结果如图 3-15 所示。

命令

```
SELECT  *
FROM    业主信息
WHERE   姓名 like '[张，王]%'
```

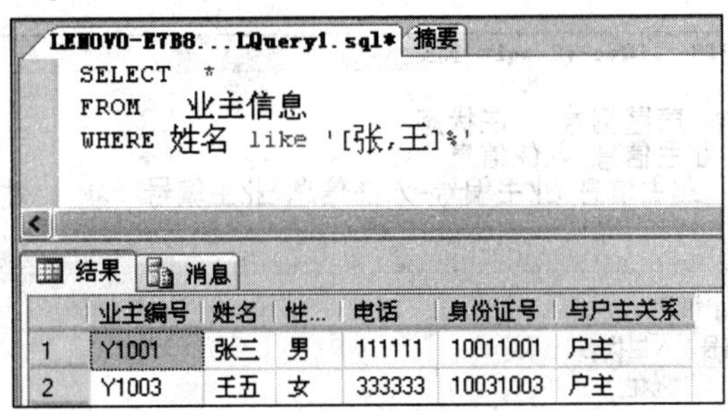

图 3-15　查询结果

注意：如果查询同时存在的两个关键字，比如要查询结构有“一”和“二”的房屋，则条件应写为：结构 like '%一%' and 结构 like '%二%'，这样无论是一室二厅还是二室一厅都能找到；如果写成：结构 like '%一%二%'，则只能找到一室二厅。

任务 3：查询身份证号第四位为 3 的业主信息。

任务分析

查询条件是身份证号码的第四位为 3，所以号码 3 的前面需要使用 3 个通配符“_”匹配，号码 3 的后面没有要求，所以可以使用通配符“%”。查询结果如图 3-16 所示。

命令

```
SELECT *
FROM    业主信息
WHERE   身份证号 like '___3%'
```

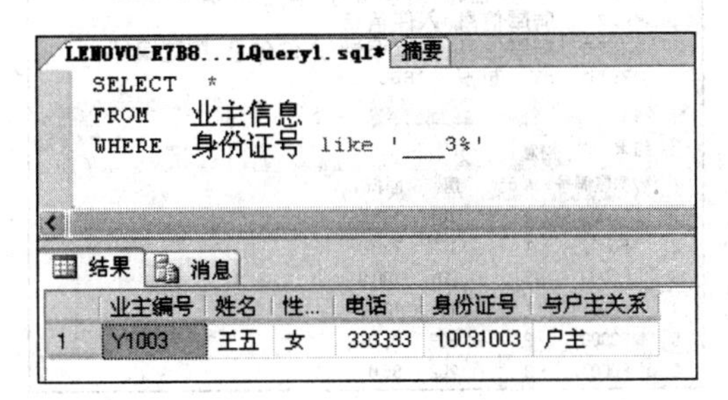

图 3-16　查询结果

任务 3-8　T-SQL 多表查询——连接查询

任务 1：查询业主“赵六”所拥有房屋的房屋编号和入住状态。

任务分析

查询条件是业主姓名为“赵六”，信息是在业主信息表中业主所拥有的房屋信息，无论是房屋编号还是入住状态，均在入住信息表中可以查到，所以本查询任务需要用到“业主信息”表和“入住信息”表。而且本查询任务需要查询的是同一业主的个人信息和房屋信息，所以两张表连接依靠的是业主编号相同。查询结果如图 3-17 所示。

命令

```
SELECT  房屋编号，入住状态
FROM    业主信息，入住信息
WHERE   业主信息.业主编号=入住信息.业主编号 AND  姓名='赵六'
```

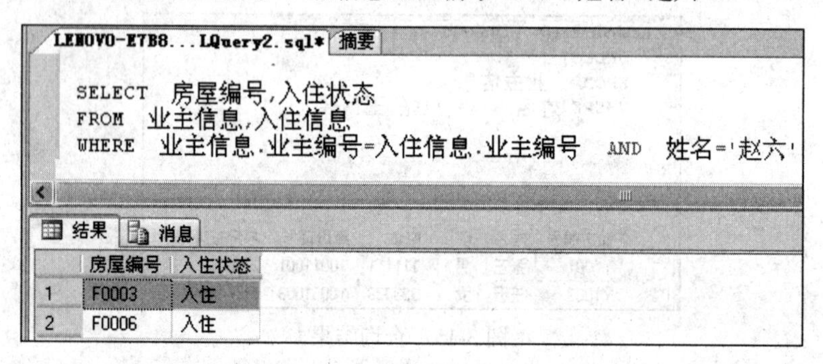

图 3-17　查询结果

任务 2：查询已有业主的房屋编号、单元号、房号和面积。要求显示结果按照面积从大到小排序。

任务分析

查询条件是已有业主，业主是否拥有某房屋需要从入住信息表中查询，只要出现在入住信息表中的数据，就是已有业主购买的房屋。查询显示需要房屋编号、单元号、房号和面积，这些属性均在房屋信息表中。所以需要“入住信息”表和“房屋信息”表，而两张表需要查询的是同一房屋的信息，因此两张表可以依靠房屋编号相连接。

两张表均有“房屋编号”，所以房屋编号需要标明来自哪张表。查询结果如图 3-18 所示。

LENOVO-E7B8...LQuery1.sql*　摘要

```
SELECT  房屋信息.房屋编号,单元号,房号,面积
FROM    房屋信息,入住信息
WHERE   房屋信息.房屋编号=入住信息.房屋编号
ORDER BY 面积 DESC
```

结果　消息

	房屋编号	单元...	房...	面积
1	F0004	2	101	145.5
2	F0002	1	102	120.0
3	F0003	1	201	100.0
4	F0001	1	101	100.0
5	F0006	2	303	98.0
6	F0007	3	202	95.0

图 3-18　连接查询结果

命令

```
SELECT  房屋信息.房屋编号，单元号，房号，面积
FROM    房屋信息，入住信息
WHERE   房屋信息.房屋编号=入住信息.房屋编号
ORDER  BY  面积 DESC
```

任务 3：查询已入住房屋的单元号、房号、面积和结构，以及业主的姓名和电话。查询结果要求按面积从大到小排序，如果面积相同，则按单元号升序排序。

任务分析

查询条件为入住状态是“入住”，所以需要查询“入住信息”表；需要房屋的单元号和房号等信息，需要查询“房屋信息”表的数据；同时还需要业主的信息，所以需要查询“业主信息”表。因此本查询需要用到“房屋信息”表、“业主信息”表和“入住信息”表三张表。查询结果如图 3-19 所示。

命令

```
SELECT   单元号，房号，面积，结构，姓名，电话
FROM     房屋信息，入住信息，业主信息
WHERE    房屋信息.房屋编号 =入住信息.房屋编号
AND      业主信息.业主编号=入住信息.业主编号
AND      入住状态='入住'
ORDER BY  面积 DESC，单元号 ASC
```

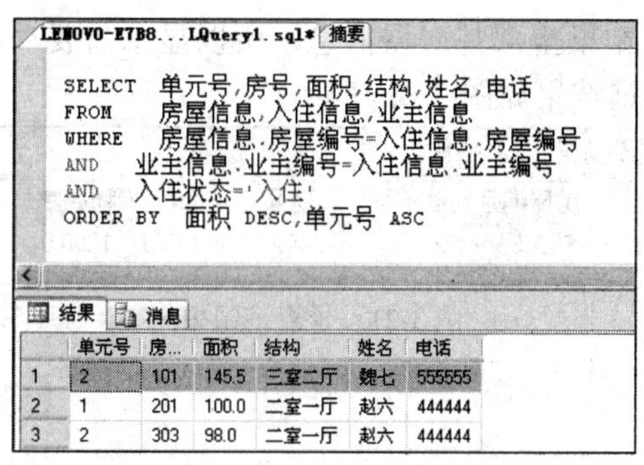

图 3-19　查询结果

任务 3-9　T-SQL 多表查询——子查询

任务 1：查询已将房屋出租的业主的姓名、性别、电话和身份证号。

任务分析

查询条件为入住状态是“出租”，所以条件是需要“入住信息”表；显示需要的全是业主信息，所以查询结果需要“业主信息”表；根据子查询格式要求，两张表的公共属性是业主编号。查询结果如图 3-20 所示。

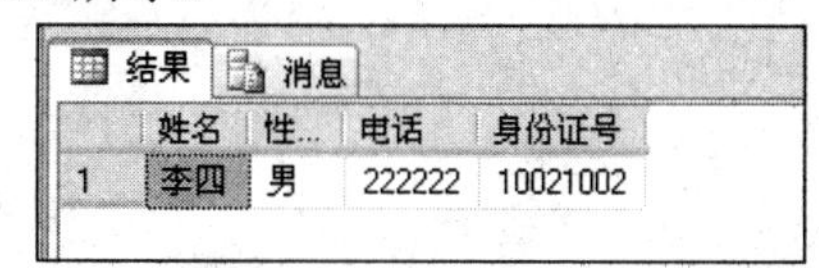

图 3-20　子查询结果

命令

IN 子查询：

```
SELECT  姓名，性别，电话，身份证号
FROM   业主信息
WHERE 业主编号  IN
   ( SELECT  业主编号
     FROM      入住信息
     WHERE     入住状态='出租')
```

EXISTS 子查询：

```
SELECT 姓名，性别，电话，身份证号
FROM 业主信息
WHERE EXISTS
   ( SELECT  *
     FROM  入住信息
     WHERE 入住状态='出租'
     AND     业主信息.业主编号 =入住信息.业主编号)
```

任务 2：查询还没有业主的房屋编号、单元号、房号、面积和物业费。

任务分析

没有出现在“入住信息”表中的房屋编号就是没有业主的，所以根据条件需要查询“入住信息”表的数据；显示结果全部是房屋信息，所以显示需要“房屋信息”表。两张表的公共属性是房屋编号。查询结果如图 3-21 所示。

结果 | 消息

	房屋编号	单元号	房号	面积	物业费
1	F0005	2	402	145.5	1200.0

图 3-21 子查询结果

命令

IN 子查询：

```
SELECT  房屋信息.房屋编号，单元号，房号，面积，物业费
FROM    房屋信息
WHERE   房屋编号 NOT IN
   (SELECT  房屋编号
    FROM    入住信息)
```

EXISTS 子查询：

```
SELECT  房屋信息.房屋编号，单元号，房号，面积，物业费
FROM    房屋信息
WHERE   NOT EXISTS
   (SELECT  *
    FROM    入住信息
    WHERE   房屋信息.房屋编号=入住信息.房屋编号)
```

任务 3：查询面积大于所有房屋面积平均值的房屋单元号、房号和面积。

任务分析

查询出所有房屋面积的平均值需要用到函数 AVG，然后再查询大于查询结果的房屋信息。结果如图 3-22 所示。

命令

```
SELECT 单元号，房号，面积
FROM 房屋信息
WHERE 面积 >
  ( SELECT AVG(面积)
     FROM 房屋信息 )
```

LENOVO-E7B8...LQuery1.sql* 摘要

```
SELECT 单元号,房号,面积 FROM 房屋信息 WHERE 面积 >
( SELECT AVG(面积) FROM 房屋信息 )
```

结果 消息

	单元号	房...	面积
1	1	102	120.0
2	2	101	145.5
3	2	402	145.5

图 3-22　查询结果

任务 3-10　T-SQL 统计查询

任务 1：统计 1 单元所需缴纳的物业费总和。

任务分析

只需要查找单元号为“1”的房屋物业费，然后求和即可，需要使用函数 SUM。统计结果如图 3-23 所示。

命令

```
SELECT sum(物业费) FROM 房屋信息 WHERE 单元号=1
```

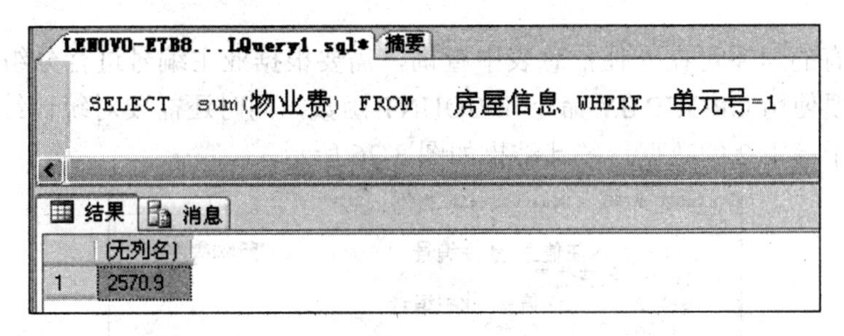

图 3-23　统计结果

任务 2：统计各种结构的房屋数目，要求显示结构和对应的房屋数目。

任务分析

需要根据结构将房屋分组，可使用 GROUP BY 子句，分组的依据就是房屋结构；然后计算每一组的个数，需要使用 COUNT 函数，个数统计只关注有几个房屋，查询结果有几行，所以可以直接使用COUNT(*) AS命令将显示结果的名称设为房屋数。统计结果如图3-24所示。

命令

SELECT 结构，COUNT(*) AS 房屋数 FROM 房屋信息 GROUP BY 结构

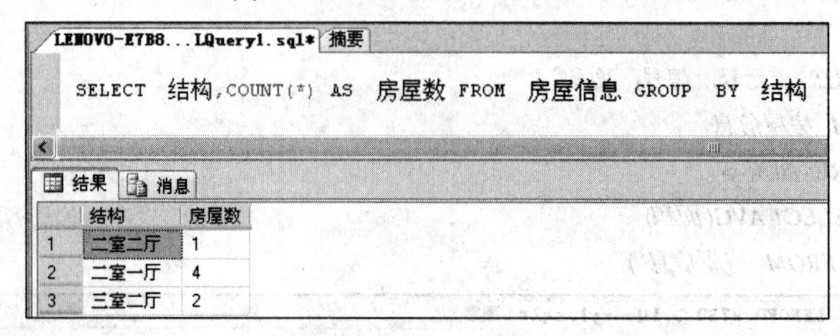

图3-24 统计结果

任务3：统计每个单元的最大房屋面积，要求显示单元号和对应的最大面积。

任务分析

根据单元将房屋分组，需要使用GROUP BY子句；要查找最大面积，需要使用MAX函数。统计结果如图3-25所示。

命令

SELECT 单元号，MAX(面积) AS 最大面积 FROM 房屋信息 GROUP BY 单元号

LENOVO-E7B8...LQuery1.sql* 摘要

```
SELECT 单元号,MAX(面积) AS 最大面积 FROM 房屋信息 GROUP BY 单元号
```

结果 消息

	单元号	最大面积
1	1	120.0
2	2	145.5
3	3	95.0

图3-25 查询结果

任务4：统计拥有两套以上房屋的业主，显示业主的编号和他们拥有的房屋数目。

任务分析

业主所拥有的房屋可在入住信息表中查询，需要根据业主编号进行分组，每组再进行个数统计。需要使用GROUP BY命令和COUNT函数，同时还需要对统计结果进行筛选，只显示个数大于等于2的数据。统计结果如图3-26所示。

图3-26 查询结果

命令

SELECT 入住信息.业主编号，COUNT(*) AS 所购房屋数

FROM 入住信息

GROUP BY 入住信息.业主编号

HAVING COUNT(*)>=2

『练习』

(1) 查询 2 号单元房屋的房屋编号、面积、结构和物业费。

(2) 查询房号为“1”开头的房屋信息。

(3) 查询结构为“二室一厅”的房屋数。

(4) 查询面积在“98～120”之间的房屋需要缴纳的物业费总和。

(5) 查询业主“张三”所需要缴纳的物业费。

(6) 查询入住状态为“入住”的房屋单元号、房号、面积和物业费。要求分别用连接查询、IN 子查询和 EXISTS 子查询格式书写结果。

(7) 统计每个单元需要缴纳的物业费总和，要求显示单元号和对应的物业费总和。

(8) 统计每个单元的房屋数目，要求显示单元号和对应的房屋数目。

任务 3-11　创建管理账户

任务：建立一个能够对 WYGL 数据库进行管理的账户，登录名为 user1，密码为 123。要求能对 WYGL 数据库中的房屋信息表进行查询和添加，但不能修改和删除。其余表都不能访问。

创建管理账户的方法步骤如下：

(1) 在“对象资源管理器”中，右键点击服务器，选择菜单“属性”，如图 3-27 所示。

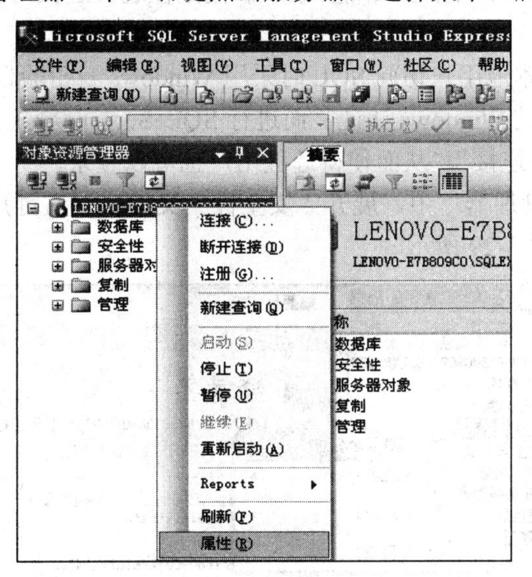

图 3-27　设置属性

(2) 打开“服务器属性”设置对话框，在左边“选项页”中，选择“安全性”，确认“服务器身份验证”为“SQL Server 和 Windows 身份验证模式(S)”状态，如图 3-28 所示。

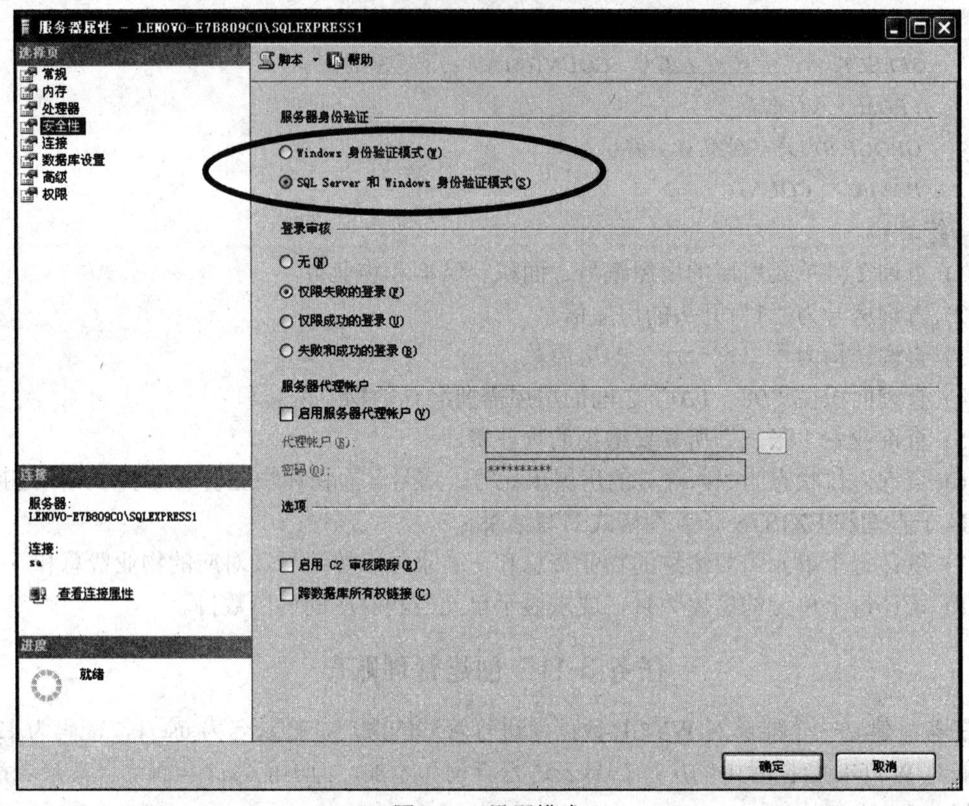

图 3-28　设置模式

使用 Windows 身份验证连接模式时，SQL 不判断 sa 密码，而仅根据用户的 Windows 权限来进行身份验证，我们称之为“信任连接”，但是在远程连接时会因 NTML 验证的缘故而无法登录。

混合模式验证是当本地用户访问 SQL 时采用 Windows 身份验证建立的信任连接，当远程用户访问时由于未通过 Windows 认证，而进行 SQL Server 认证(使用 sa 的用户也可以登录 SQL)，建立“非信任连接”，从而使得远程用户也可以登录。

(3) 在“对象资源管理器”中，展开“安全性”文件夹，右键点击“登录名”，选择菜单“新建登录名”，如图 3-29 所示。

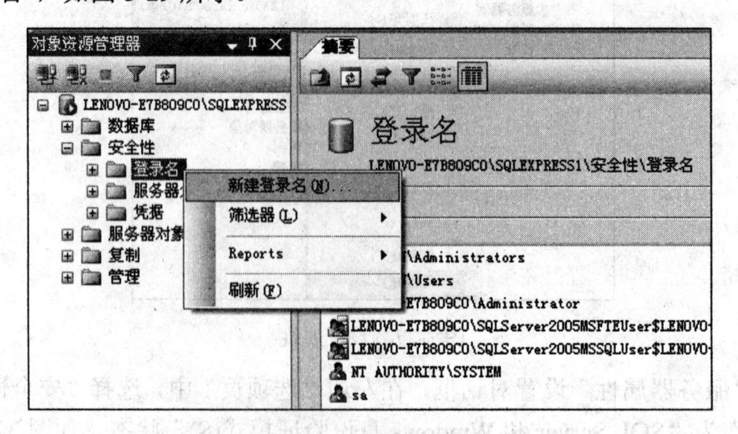

图 3-29　新建登录名

(4) 在登录名设置中，选择“SQL Server 身份验证(S)”，输入登录名为“user1”，密码为为“123”，确认密码“123”，去掉“强制密码过期(X)”的勾选，默认数据库为“wygl”。设置完成后点击“确认”按钮，如图 3-30 所示。

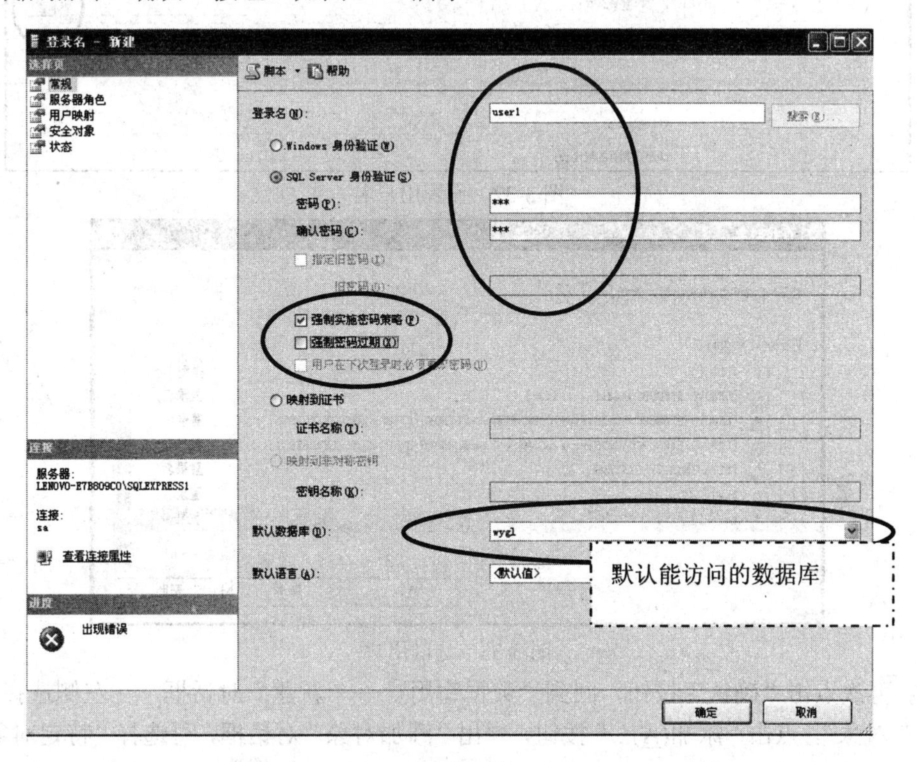

图 3-30　默认数据库

(5) 在“对象资源管理器”中执行“数据库”→“wygl”→“安全性”，右键点击对象“用户”后，选择菜单“新建用户”，如图 3-31 所示。

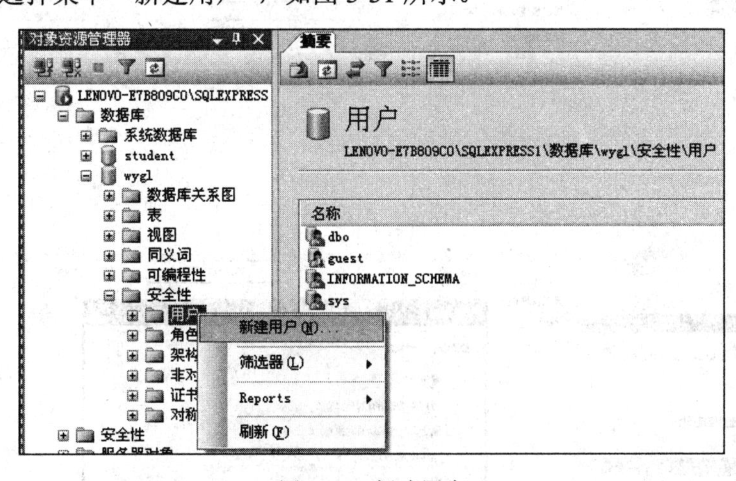

图 3-31　新建用户

(6) 用户名输入“张三”，单击“登录名”右侧的[...]按钮，如图 3-32 所示。打开“选择登录名”对话框，单击右侧的“浏览”按钮。在弹出的“查找对象”对话框中选择已建立的对象“user1”，点击“确定”按钮，如图 3-33 所示。

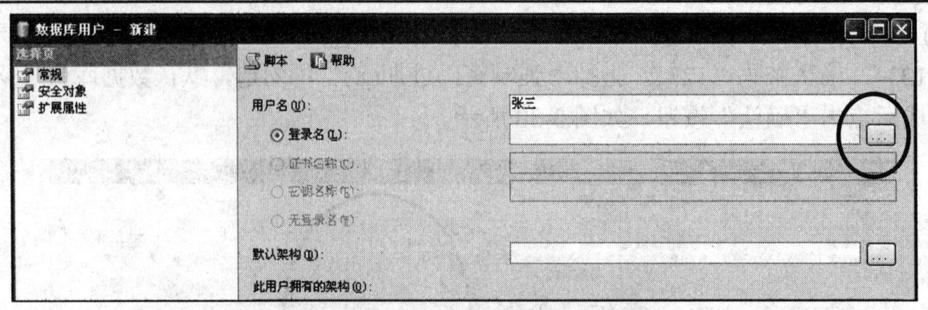

图 3-32 设置用户名

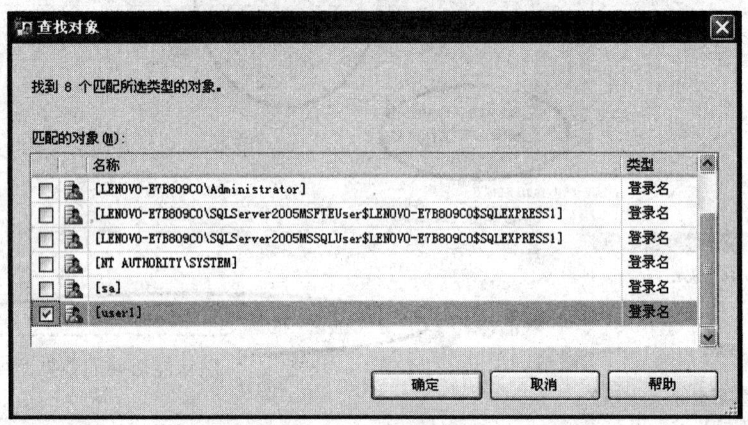

图 3-33 选取用户

(7) 再次点击“确认”按钮，回到“数据库用户——新建”对话框，在左侧选择页中选择“安全对象”，点击“添加(A)...”按钮，弹出“添加对象”对话框，再选择“特定对象(O)”，点击“确定”按钮，如图 3-34 所示。

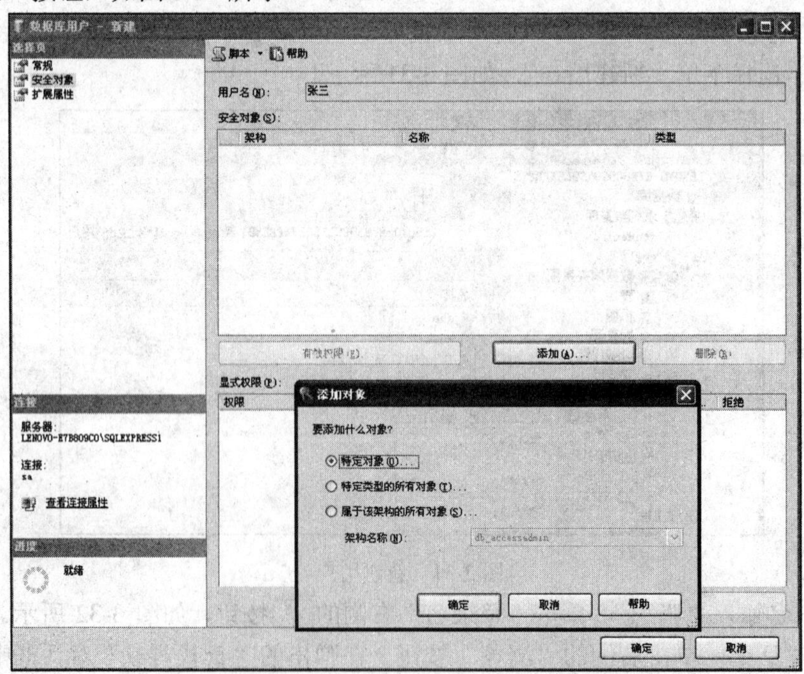

图 3-34 添加对象

(8) 在弹出的“选择对象”对话框中，单击“对象类型(O)”按钮，选择对象类型为“表”，点击“确定”按钮，如图3-35所示。

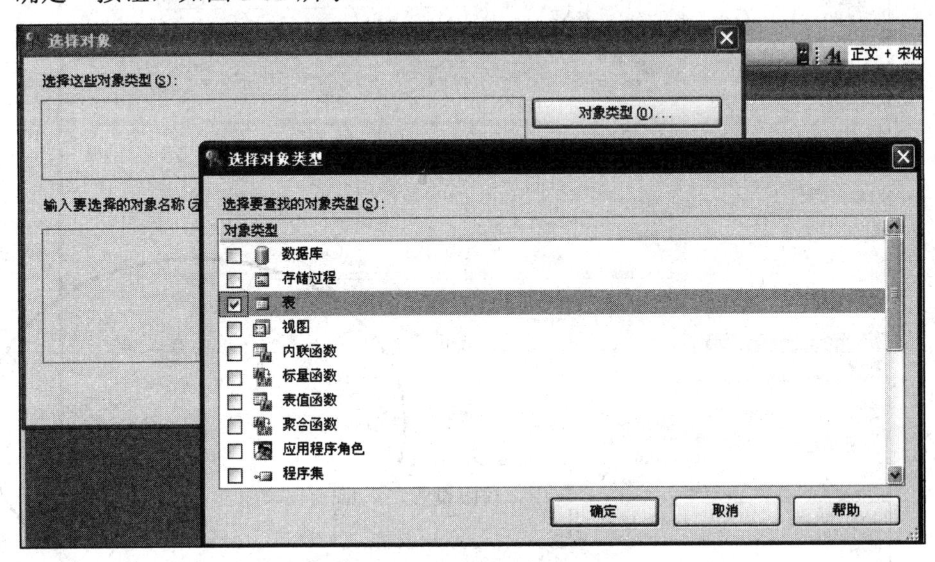

图3-35　选择对象类型

(9) 返回“选择对象”对话框，点击“浏览(B)”按钮，弹出“查找对象”对话框，在“匹配的对象(M)”中勾选“[dbo.][房屋信息]”，点击“确定”按钮，如图3-36所示。

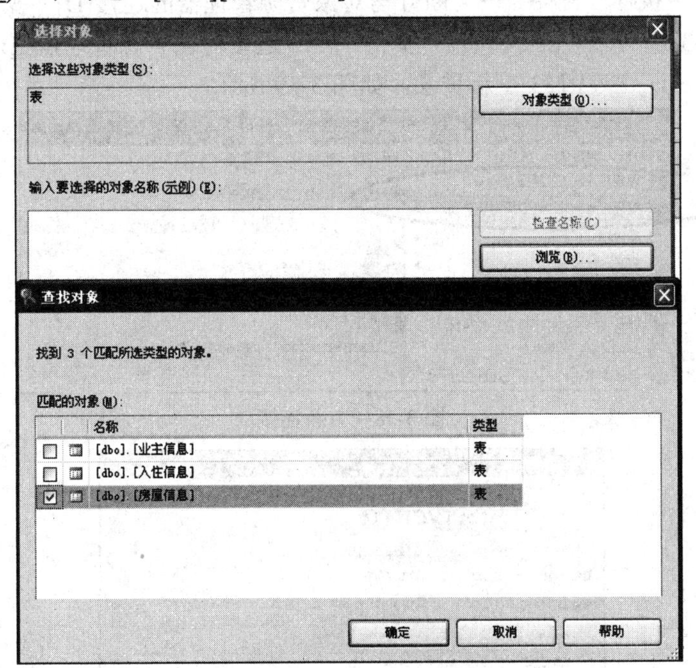

图3-36　查找对象

(10) 点击“确定”按钮，返回“数据库用户——新建”对话框，设置权限(注：“Select”和“Insert”权限是勾选“授予”，“Delete”和“Update”权限勾选“拒绝”)，点击“确定”按钮。如图3-37所示。

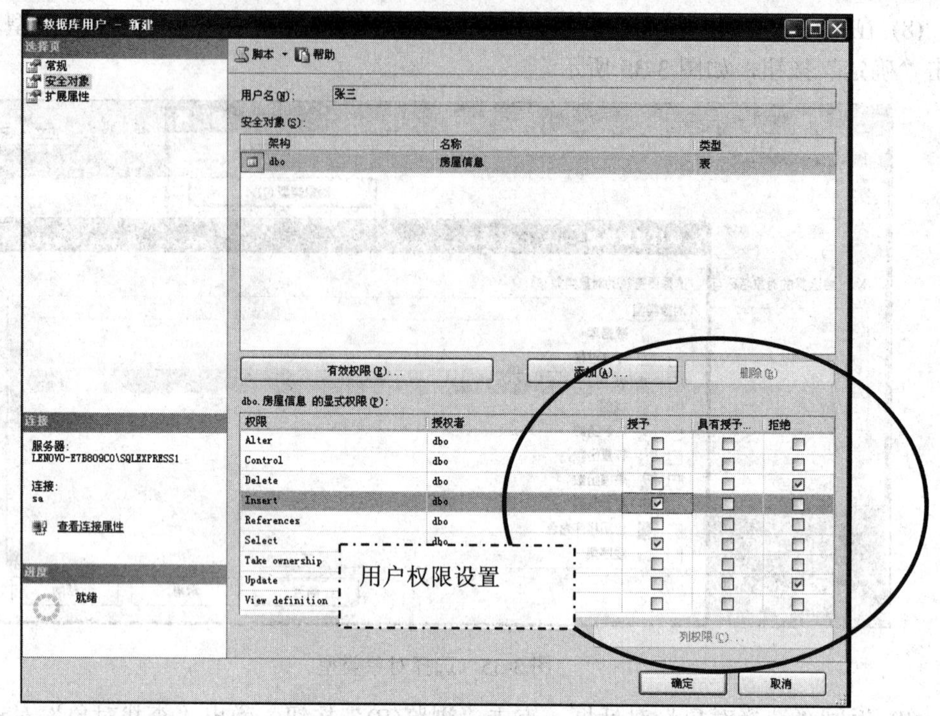

图 3-37 设置权限

(11) 在菜单中执行“文件”→“断开与对象资源管理器的连接(D)”操作，断开服务器的连接，如图 3-38 所示。然后再执行“文件”→“连接对象资源管理器(E)”操作，使用新建立的登录名 user1，密码 123 重新登录，如图 3-39 所示。

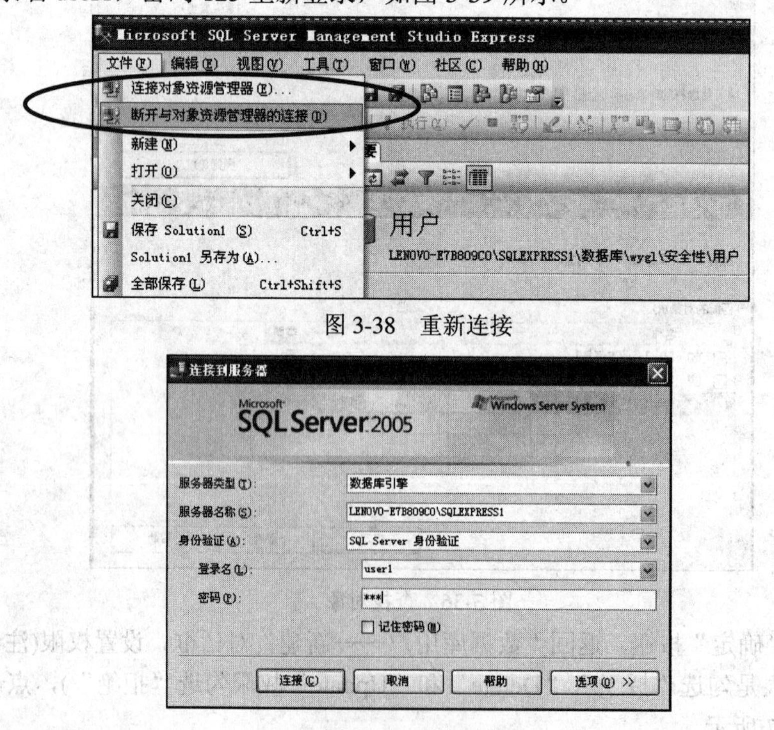

图 3-38 重新连接

图 3-39 重新登录

(12) 登录成功后，选择“新建查询”，输入查询语句查看结果，可以查看本账号能浏览的房屋信息表的所有数据，如图 3-40 所示。

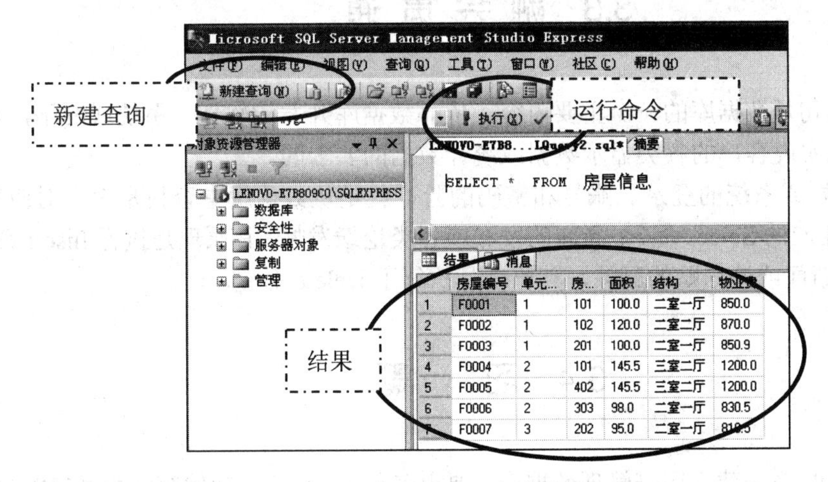

	房屋编号	单元...	房...	面积	结构	物业费
1	F0001	1	101	100.0	二室一厅	850.0
2	F0002	1	102	120.0	二室二厅	870.0
3	F0003	1	201	100.0	二室一厅	850.9
4	F0004	2	101	145.5	三室二厅	1200.0
5	F0005	2	402	145.5	三室二厅	1200.0
6	F0006	2	303	98.0	二室一厅	830.5
7	F0007	3	202	95.0	二室一厅	810.5

图 3-40　查询结果

命令

*SELECT　*　FROM　房屋信息表*

输入删除命令查看结果，可以看出本账号有没有对房屋信息执行删除命令的权限，如图 3-41 所示。

命令

DELETE　FROM　房屋信息表　WHERE　房屋编号='F0007'

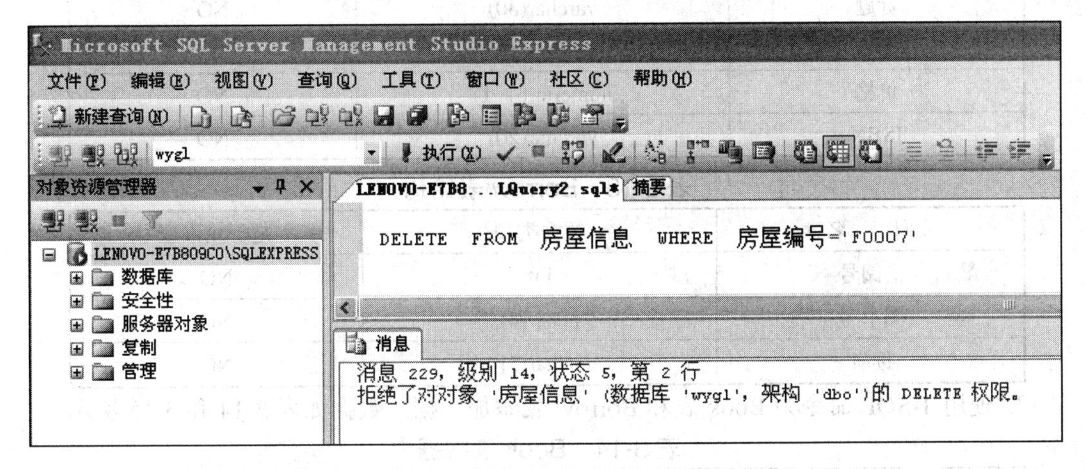

图 3-41　删除权限被拒绝

输入修改命令也会被拒绝执行。

命令

UPDATE 房屋信息 SET 面积=200 WHERE 房屋编号='F0001'

『练习』

建立一个数据库 WYGL 的管理账号，要求能对业主信息表进行浏览，不能执行增加、删除和修改操作。

3.3 融会贯通

SQL 查询语句是数据库的一个重要内容，依靠数据库开发的软件、系统或网站，均是利用 SQL 语句来实现客户的各类显示数据或统计数据的要求的。

比如各类网站或系统的登录、账号和密码的验证就是从数据库中查找是否有对应数据的过程，执行了相应的 Select 命令；新闻的发布或各类论坛发帖，其原理是执行 Insert 命令；网站管理员对于新闻或论坛贴的删帖，其原理是执行了 Delete 命令。

3.4 习　　题

1. 使用 T-SQL 命令建立图书管理数据库，要求名称为 TSGL，初始容量为 8 MB，最大容量为 20 MB，数据文件保存在 D:\DB 路径下，文件增量要求为 12%。

2. 在建好的 TSGL 数据库中，使用 T-SQL 命令建立图书信息表 Book 和借阅表 Borrow。表结构如表 3-12 和 3-13 所示。

表 3-12　Book 表结构

列　　名	数据类型	是否允许空
🔑 图书号	nchar(4)	NO
标题	varchar(30)	NO
作者	varchar(10)	YES
价格	numeric(6，1)	NO
ISBN	varchar(20)	NO

表 3-13　Borrow 表结构

列　　名	数据类型	是否允许空
🔑 借阅号	int	NO
图书号	nchar(4)	NO
读者	nchar(5)	NO

3. 使用 T-SQL 命令为 Book 表和 Borrow 表添加数据，数据如表 3-14 和 3-15 所示。

表 3-14　Book 表数据

图书号	标　题	作　者	价格（元）	ISBN
1001	数据库原理	丁一	21.5	978-7-5611-5122-3
1002	ASP.NET 开发应用	沈二	24.0	978-7-5611-5122-4
1003	SQL Server 2005 实用手册	刘三	18.9	978-7-5611-5122-5
1004	网页美工	胡四	47.6	978-7-5611-5122-6

表 3-15　Borrow 表数据

借阅号	图书号	读者
1	1001	张三
2	1004	李四
3	1002	王五
4	1003	赵六

4. 根据表 3-12～3-15 所示的信息，写出以下 T-SQL 的查询命令。

(1) 查询价格大于 20 元的图书号、标题和价格。

(2) 查询图书标题带有“应用”的书籍信息。

(3) 查询借阅《数据库原理》的读者。

(4) 查询王五借阅的图书的图书号、标题、作者和价格。

(5) 查询每位读者的借书数。

(6) 查询没有读者借阅的图书号、标题和作者。

项目四　商品进销存管理数据库

4.1 相关知识

4.1.1 数据完整性

数据完整性是为保证数据库系统中数据的一致性和准确性而提出的重要概念。通过使用约束、规则及触发器等手段和机制可以对数据库中存在的不符合数据完整性规定的数据和错误信息进行有效的控制。数据完整性也是数据库设计好坏的一项重要指标。

根据数据完整性机制所作用的数据对象和范围的不同，数据完整性可分为实体完整性、域完整性、参照完整性和用户定义完整性四种。

1. 实体完整性

实体完整性也叫行完整性。在数据库中，一个实体即指表中的一行记录。所谓实体完整性就是要求在一张表中，不能存在完全相同的记录，并且每一条记录都要有一个唯一的标识符，即主键。如在学生信息管理数据库中，学生表的学号、课程表的课程号、成绩表的学号和课程号等。

2. 域完整性

域完整性也叫列完整性。域完整性要求在表中的指定列值是否有效和确定是否允许为空。如成绩表中成绩列的数据除了是整型之外还应该取值在[0，100]之间。成绩列的数据可以为空，而其他两列数据不能为空等。

3. 参照完整性

参照完整性也叫引用完整性。参照完整性要求数据之间有关联的两张或两张以上的表的数据必须保持一致。如在学生表中删除了一名学生的记录，那么在成绩表中该学生的成绩也应该相应删除。

4. 用户定义完整性

用户定义完整性包含了所有应用层的约束条件。用户定义完整性可涵盖其他完整性，换句话说，应用层面的完整性要求可以通过其他完整性的约束方法来实现。

4.1.2 约束

约束是实现数据完整性的一种比较常用的手段。约束是通过限制列、行中的数据和表之间的数据来保证数据完整性的方法。约束可以确保把有效的数据输入到列中和维护表之间的特定关系。

SQL Server 中提供了 6 种类型的约束，包括 NOT NULL(非空)约束、PRIMARY KEY (主键)约束、FOREIGN KEY(外键)约束、UNIQUE(唯一)约束、CHECK(检查)约束、DEFAULT(默认值)约束。前面提到的各种完整性，都由不同的约束类型来实现。

1．NOT NULL 约束

约束某一列的值只要有记录，就不能为空，用于保障数据库的域完整性。如学生表中，只要添加一条学生记录，则姓名列就不能为空。

2．PRIMARY KEY 约束

在表中定义一个主键来唯一标识每行的记录，用于保证数据的实体完整性。当定义了主键的列后，列值不允许出现重复值，也不能为空。

3．FOREIGN KEY 约束

外键定义在一张表的一列或几列的组合上。外键不是该表的主键，但是是另一张表的主键。通过外键建立起两张表的联系，用于实现数据的参照完整性，保证两表之间的数据一致性。

4．UNIQUE 约束

在一张表中，除了主键之外的某些列也要求是不可重复的，这可以通过定义唯一约束来控制，因此，唯一约束可以用于用户定义完整性，如身份证号码等一些数据。

5．CHECK 约束

检查约束用于检查表中的列可以接受哪些数据，主要用来保证域完整性和用户定义完整性。检查约束一般是用 CHECK 语句来限制某列的取值范围的。

6．DEFAULT 约束

通过为某列设定一个默认值来控制数据的域完整性。如果在插入记录时没有为该列提供输入值，则系统会将默认值赋给该列。

4.1.3　存储过程

之前我们学习了如何使用 T-SQL 语句对数据库中的数据进行查询。但是对于不太熟悉 T-SQL 语句的用户就无法快捷地使用这些信息管理系统来查询和统计信息。要想解决这个问题，我们可以把在查询或统计时将要执行的 SQL 语句做成一个相对固定的语句组，用户想要查询相关信息只要执行这个现成的语句组就可以了。在 SQL Server 2005 中就提供了存储过程来实现上述问题的解决方案。

存储过程(Stored Procedure)是一组完成特定功能的 SQL 语句集，经编译后存储在数据库中。用户通过指定存储过程的名字并给出参数(如果该存储过程带有参数)来执行它。存储过程在创建以后可以在程序中被多次调用，执行速度也比 SQL 语句批处理的速度快很多。同时，存储过程创建以后，系统管理员可以对其执行权限进行控制以避免非授权用户对数据的访问，从而保证数据的安全。

1．存储过程的创建、修改、删除及调用

1) 存储过程的创建

(1) 存储过程创建的基本语法：

```
CREATE PROC [ EDURE ] procedure_name [ ; number ]
    [ { @parameter data_type }
        [ VARYING ] [ = default ] [ OUTPUT ]
    ] [ ,...n ]
[ WITH
    { RECOMPILE / ENCRYPTION / RECOMPILE, ENCRYPTION } ]
[ FOR REPLICATION ]
AS sql_statement [ ...n ]
```

(2) 参数说明。

procedure_name：新存储过程的名称。过程名必须符合标识符规则，且对于数据库及其所有者必须唯一。

；number：可选的整数，用来对同名的过程分组，以便用一条 DROP PROCEDURE 语句即可将同组的过程一起删除。

@parameter：过程中的参数。在 CREATE PROCEDURE 语句中可以声明一个或多个参数。用户必须在执行过程时提供每个所声明参数的值(除非定义了该参数的默认值)。

data_type：参数的数据类型。所有数据类型(包括 text、ntext 和 image)均可以用做存储过程的参数。

VARYING：指定作为输出参数支持的结果集(由于存储过程是动态构造的，内容可以变化)。仅适用于游标参数。

default：参数的默认值。如果定义了默认值，则不必指定该参数的值即可执行过程。默认值必须是常量或 NULL。

OUTPUT：表明参数是返回参数。

n：表示最多可以指定多个参数的占位符。

{RECOMPILE | ENCRYPTION | RECOMPILE，ENCRYPTION}：RECOMPILE 表明 SQL Server 不会缓存该过程的计划，该过程将在运行时重新编译。在使用非典型值或临时值而不希望覆盖缓存在内存中的执行计划时，可使用 RECOMPILE 选项。ENCRYPTION 表示 SQL Server 加密的 syscomments 表中包含 CREATE PROCEDURE 语句文本的条目。使用 ENCRYPTION 可防止将过程作为 SQL Server 复制的一部分发布。

FOR REPLICATION：指定不能在订阅服务器上执行为复制创建的存储过程。

AS：指定过程要执行的操作。

sql_statement：过程中要包含的任意数目和类型的 Transact-SQL 语句，但有一些限制。

n：是表示此过程可以包含多条 Transact-SQL 语句的占位符。

2) 存储过程的修改

(1) 存储过程修改的基本语法：

```
ALTER PROC [ EDURE ] procedure_name [ ; number ]
    [ { @parameter data_type }
        [ VARYING ] [ = default ] [ OUTPUT ]
    ] [ ,...n ]
[ WITH
```

{ RECOMPILE / ENCRYPTION / RECOMPILE, ENCRYPTION }]

[FOR REPLICATION]

AS sql_statement [...n]

(2) 参数说明。

参数说明和创建存储过程时相同。

3) 存储过程的删除

(1) 存储过程删除的基本语法：

DROP PROCEDURE {procedure}[,...n]

(2) 参数说明。

procedure：要删除的存储过程或存储过程组的名称。

n：表示可以指定多个过程的占位符。

(3) 存储过程的调用。

存储过程可以被执行或被其他存储过程调用。执行的语法：

EXEC procedure_name

2. 存储过程中的流程控制语句

(1) BEGIN…END 语句块。如果需要将两个或两个以上的 SQL 语句作为一个单元来执行，可用 BEGIN…END 语句块封装起来。语法为：

BEGIN

语句1

语句2

⋮

语句n

END

(2) IF…ELSE 语句，实现程序根据不同条件执行不同的语句的分支功能。语法为：

IF　条件表达式

语句1

[ELSE

语句2]

如果条件表达式结果为真，执行语句 1；否则执行语句 2。ELSE 子句为可选项。

4.1.4　触发器

在 4.1.1 节讲到用两种方法可以保证数据的有效性和完整性，即 CHECK 约束和触发器(TRIGGER)。约束一般是表级的完整性设置，可以实现一些基本的限制。触发器则是数据库级的存储过程，可以完成一些比较复杂的操作。当表发生 INSERT、UPDATE、DELETE、CREATE、ALTER、DROP 等操作时，可自动激活相应的触发器，进行完整性的控制。

触发器可以完成以下的一些功能：

(1) 比约束更为复杂的数据约束。

(2) 检查所做的 SQL 是否允许。如在库存表里要删除某种商品，那么触发器就可以检查该产品库存是否为零，如不为零则取消删除操作。

(3) 修改其他数据表里的数据。如当一件商品被销售出去时，则会自动修改库存表中的数量字段，减去销售的数量。

(4) 调用更多的存储过程。因为触发器本身是一种存储过程，而存储过程是可以嵌套的，所以触发器也就可以调用一个或多个存储过程。

(5) 防止数据表结构更改或表被删除。为了保护已经建好的数据表，触发器可以识别以DROP和ALTER开头的SQL语句，保证不能对数据表结构进行操作。

在SQL Server 2005中，触发器分为DML和DDL两种，分别在数据库中发生数据操作(INSERT、UPDATE和DELETE)和数据定义(CREATE、ALTER、DROP)事件时执行。

1．INSERT触发器

当试图向表中插入记录时，INSERT 触发器将自动执行。此时，系统会自动创建一个INSERTED表，新的记录被添加到原表和INSERTED表中。触发器可以检查INSERTED表，确定是否对原表执行触发器动作和如何执行动作。

2．DELETE触发器

当试图从表中删除信息时，DELETE 触发器将被触发，此时系统会自动创建一个DELETED表，被删除的行被放置到这个表中，触发器可以检查DELETED表，确定是否对原表执行触发器动作和如何执行动作。

3．UPDATE触发器

UPDATE 语句可以看成两步，即删除一条旧记录，插入一条新记录。所以，UPDATE触发器被触发时，会自动创建一个DELETED表和一个INSERTED表，UPDATE语句会将旧的记录移入DELETED表中，更新的记录插入到INSERTED表中。

触发器是存储过程的一种，因此语法和存储过程相似。

1) 触发器的创建

(1) 触发器创建的基本语法：

```
CREATE TRIGGER trigger_name
ON {table/view }
[WITH ENCRYPTION]
{{FOR/AFTER/INSTEAD OF AFTER}{[DELETE][ ,][INSERT][ ,][UPDATE] }
AS
SQL 语句 [... n]
```

(2) 参数说明。

trigger_name：触发器的名称。

table|view：在其上执行触发器的表或视图。

WITH ENCRYPTION：可选，表示对定义脚本加密。

FOR|AFTER|INSTEAD OF：其中，AFTER用于指定触发器只有在触发SQL语句中指定的所有操作都已经成功执行后才被激发，且不能定义在视图上。FOR的作用与AFTER相同。INSTEAD OF用于指定执行触发器而不是执行触发SQL语句，从而替代触发语句的操作。INSTEAD OF触发器常用于影响多个基表的更新视图操作。

2) 触发器的修改

(1) 触发器修改的基本语法：

ALTER TRIGGER 触发器名称

ON {表名/视图名}

[WITH ENCRYPTION]

{{FOR|AFTER|INSTEAD OF}{[DELETE][,][INSERT][,][UPDATE] }

AS

SQL 语句[...n]

(2) 参数说明。

参数与创建触发器语法中的参数相同。

3) 删除触发器

(1) 删除触发器的语法：

DROP TRIGGER {trigger} [,...n]

(2) 参数说明。

trigger：要删除的触发器的名称。

n：表示可以指定多个触发器的占位符。

4.1.5 数据恢复

数据库在运行的过程中，很可能会遇到各种故障：有系统范围内的故障，比如 CPU 故障、操作系统故障、程序命令错误、断电等，使得系统必须重新启动；介质故障，比如磁盘损坏、磁头碰撞、强磁场干扰等；还有计算机病毒等。即使在正常运行过程中，也可能由于并发的操作导致一些故障。在这些时候，保护好数据，防止数据丢失显得尤为重要。数据保护也是数据库安全的重要方面。在 SQL Server 中实现数据恢复的方法主要包括备份和恢复两部分。

1. 备份

备份是对数据库或事务日志进行复制，备份文件记录了在进行备份操作时，数据库中所有数据的状态，如果数据库因为意外而受损，那么这些备份文件将在数据库恢复时被用来恢复数据库。

在 SQL Server 中数据库备份的方法主要有完整备份、差异备份和事务日志备份。

(1) 完整备份。

完整备份就是备份数据库的全体，包括数据库中的数据和其他数据库对象。这种备份方法所产生的备份文件大小和备份所需的时间长短是由数据库的大小决定的。还原时，可以直接还原到备份时的状态，不需要其他文件支持，还原过程简单。但由于是对数据库进行完整的备份，所以这种备份类型通常速度较慢，而且占用较大的磁盘空间。

(2) 差异备份。

差异备份，记录自上次备份后发生了改变的数据。在差异备份之前，至少要有一次完整备份。还原时，也必须先还原差异备份前的最后一次完整备份，才能在此基础上进行差异备份数据的还原。差异备份更像是一种增量数据库备份，它产生的备份文件相对较小，备份时间也较短。但还原的过程相对较麻烦，并且也依赖于前一次的完整备份。

(3) 事务日志备份。

事务日志备份，记录上一次进行数据库备份之后，对数据库执行的所有事务的记录。事务日志备份之前也至少要有一次完整备份。用事务日志备份进行还原时，需要先进行完整备份的还原，如之前还有差异备份的话，要再进行差异备份的还原，然后按照各日志备份的先后顺序进行各个日志备份的还原。这种备份方式通常产生的文件最小，所需要的时间也最短。适合较频繁地对数据库进行备份的场合。

2. 恢复

恢复也叫还原，是把被破坏的数据或出现异常的数据库恢复到正常的状态。根据不同的备份可以将数据库进行三种类型的恢复：简单恢复模型、完整恢复模型和大容量日志记录恢复模型。

简单恢复模型是将数据库恢复到最新的备份。需要的备份包括完整数据库备份和差异数据库备份。

完整恢复模型是将数据库恢复到故障点或特定的即时点。需要的备份包括完整数据库备份和事务日志备份。

大容量日志记录恢复模型是只对大容量操作进行最小记录(尽管会完全记录其他事务)。如果没有大容量复制操作，那么大容量日志记录恢复模型和完全恢复模型是一样的。

在 SQL Server 2005 中，可以使用备份还原菜单来进行备份还原，也可以使用 T-SQL 语句来进行。我们在项目实践中会分别介绍这两种方法。

4.2 项目实践

※ 项目引入：商品进销存管理数据库 ※

1. 库存表(表 4-1、4-2)

表 4-1 库存表结构

列 名	数据类型	允许为空
🔑 商品编号	nchar(6)	NO
商品名称	varchar(20)	NO
分类	varchar(10)	NO
库存数量	int	NO

表 4-2 库存表数据

商品编号	商品名称	分类	库存数量
SP0001	水杯	百货	100
SP0002	巧克力	食品	100
SP0003	橡皮	文具	100
SP0004	勺子	百货	100
SP0005	钢笔	文具	100

2．进货表(表 4-3、4-4)

表 4-3　进货表结构

列　名	数据类型	允许空
进货单号	nchar(6)	NO
商品编号	nchar(6)	NO
单价	numeric(6,2)	NO
数量	int	NO

表 4-4　进货表数据

进货编号	商品编号	单价(元)	数量(个)
JH0001	SP0001	10.2	20
JH0001	SP0005	51	30
JH0002	SP0003	36	50
JH0002	SP0004	2.4	100
JH0002	SP0001	9.8	200

3．销售表(表 4-5、4-6)

表 4-5　销售表结构

列　名	数据类型	允许空
销售单号	nchar(6)	NO
商品编号	nchar(6)	NO
售价	numeric(6,2)	NO
数量	int	NO

表 4-6　销售表数据

销售编号	商品编号	售价(元)	数量(个)
XS0001	SP0004	3.5	5
XS0001	SP0001	12.5	2
XS0002	SP0002	3	8
XS0002	SP0003	40	3
XS0003	SP0002	12.5	3

任务 4-1　建立库存表和约束

任务分析

(1) 实体完整性。

库存表用于记录商品在仓库中的存储信息，主要是每种在库商品的编号、名称和数量。因为一种商品只有一条记录，因此，商品编号即可以唯一标识一条记录，所以用商品编号作为该表的主键。

(2) 域完整性。

表中所有列在每次添加新记录时都应该有输入值，因此都要求不为空。这可以通过 NOT NULL 约束来控制。

(3) 用户定义完整性。

考虑商品实际进销存的业务要求，库存数量应不能小于 0，因此需要控制库存数量的取值范围，这可以通过 CHECK 约束来控制。

步骤

(1) 启动 SQL Server Management Studio Express，连接服务器，创建名为“jxcgl”的数据库。

(2) 单击工具栏上的“新建查询(N)”按钮，打开 SQL 编辑器，选择数据库名为“jxcgl”，如图 4-1 所示。

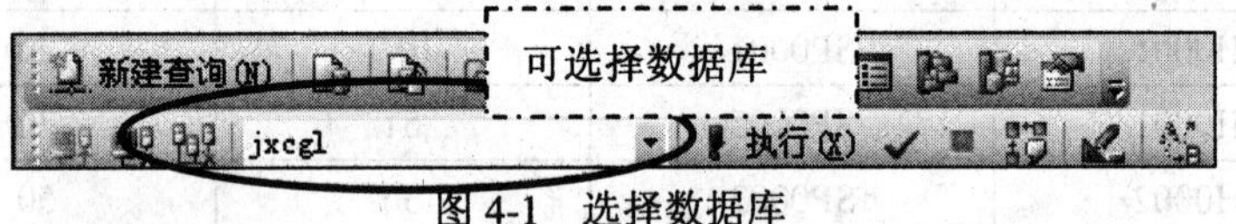

图 4-1　选择数据库

(3) 在打开的 SQL 编辑器中，输入建立库存表的 SQL 命令：

```
create table 库存表(
商品编号 nchar(6) not null,
商品名称 varchar(20) not null,
分类 varchar(10) not null,
库存数量 int not null,
primary key(商品编号),
check(库存数量>=0))
```

(4) 执行 SQL 命令，如图 4-2 所示。

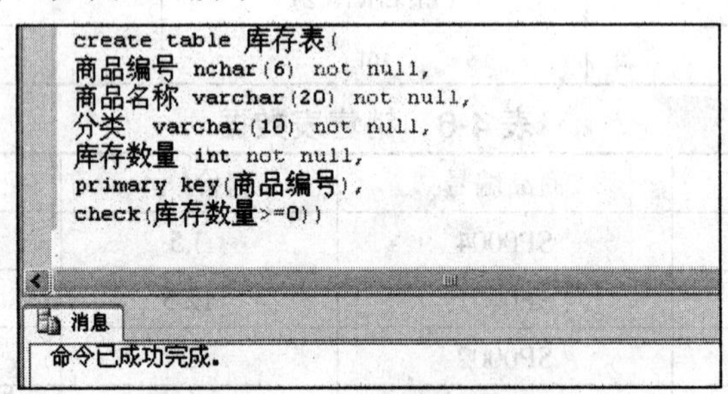

图 4-2　创建库存表

(5) 按照表 4-2 中的数据向库存表中添加记录。

任务 4-2　建立进货表和约束

任务分析

(1) 实体完整性。

进货表用于记录每一笔进货信息，假设每次进货可以进多种商品。一次进货可能对应多种商品，同一个进货单号可以在多条记录中找到；一种商品可能有多次进货记录，同一个商品编号也可以在多条记录中找到。因此单一的进货单号或是商品编号都不能唯一标识一条记录，需要使用进货单号和商品编号作为复合主键来唯一标识一条记录。

(2) 域完整性。

表中所有列在每次添加新记录时都应该有输入值，因此都要求不为空。这可以通过 NOT NULL 约束来控制。

(3) 参照完整性。

观察三张表我们会发现，商品的完整信息是存放在库存表中的。进货表中的商品编号应该与库存表中的商品编号保持一致，这可以通过建立外键的方式将进货表与库存表关联起来，保证其参照完整性。

(4) 用户定义完整性。

考虑商品进销存的实际业务要求，进货表中的单价应为大于 0 的实数，数量列应为大于 0 的整数。这可以通过 CHECK 约束来控制。

步骤

(1) 新建查询，在 SQL 编辑器中输入建立进货表的 SQL 命令：

```
create table 进货表(
进货编号  nchar(6) not null，
商品编号  nchar(6) not null，
单价  numeric(6,2) not null，
数量  int not null，
primary key(进货编号，商品编号)，
foreign key(商品编号)  references  库存表(商品编号)，
check (单价 >0)，
check (数量>0))
```

(2) 执行 SQL 命令，如图 4-3 所示。

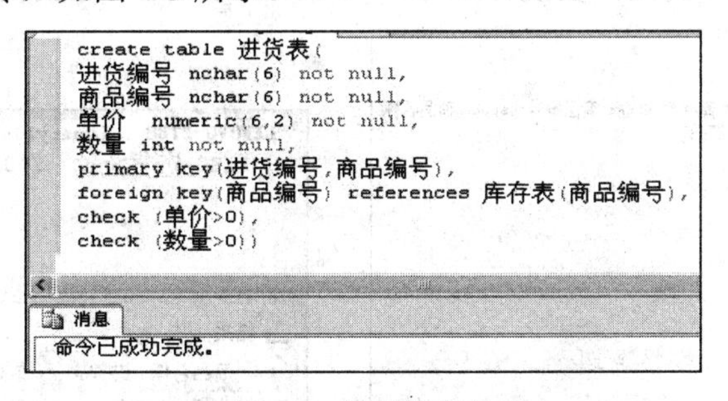

图 4-3　创建进货表

(3) 按照表 4-4 中的数据向进货表中添加记录。

『练习』

分析销售表的数据完整性要求，对照表 4-5 和表 4-6，使用 T-SQL 语句完成销售表的创建和约束的设置。

任务 4-3　建立进货统计存储过程

任务分析

在实际应用中常常需要统计进货的信息，例如某一种商品进货的次数，总的进货数量，各次进货的平均价、最高价、最低价。如果每次都要写 T-SQL 语句来查询，显然比较麻烦，

这时可以写一个存储过程来实现。每次查询的不同之处仅在于商品是否相同，因此可以设置一个变量来代表商品编号即可，查询时只要提供需要查询的商品编号就能查到相应的信息。

步骤

(1) 新建查询，在 SQL 编辑器中输入以下命令：

```
CREATE PROCEDURE 进货统计
@spbh CHAR(6)
AS
SELECT (SELECT 商品名称 FROM 库存表 WHERE 商品编号=@spbh) 商品名称,
        COUNT(进货编号) 进货次数,
          MAX(单价) 最高价,
          MIN(单价) 最低价,
          AVG(单价) 均价
FROM 进货表
WHERE 进货表.商品编号=@spbh
GO
```

[程序说明]

创建了一个名为进货统计的存储过程，定义一个字符型参数@spbh，用于接收输入的商品编号。主体部分是一个嵌套查询语句，根据参数@spbh 查询库存表中的商品名称，统计进货表中该商品的记录数作为进货次数、单价的最大值作为最高价、单价的最小值作为最低价、单价的平均值作为均价。分别给这几个字段起好别名。

(2) 执行命令，查看显示结果，如图 4-4 所示。

(3) 调用存储过程。例如，要统计编号为 SP0001 的商品的进货信息，如图 4-5 所示。

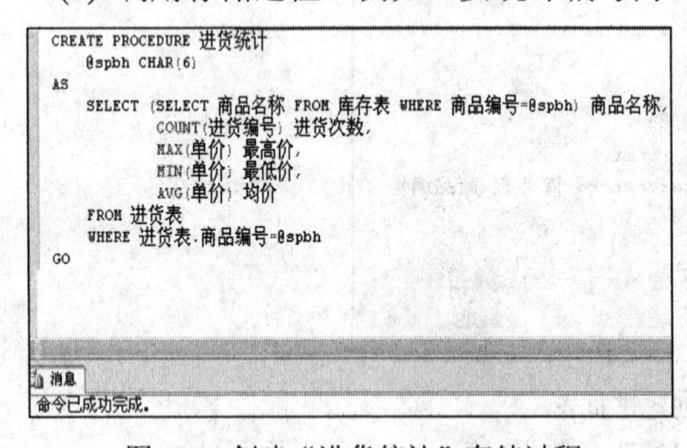

图 4-4 创建“进货统计”存储过程

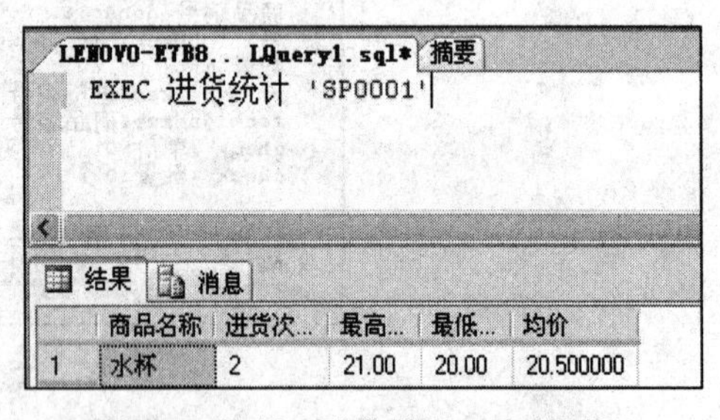

图 4-5 执行“进货统计”存储过程

任务 4-4 建立销售统计存储过程

任务分析

销售统计要求可以按照用户的选择来统计每笔销售单的销售总额或是每种商品的销售总额。我们可以定义一个变量，用它来表示用户选择的是使用销售单号还是商品编号来统计的。0 表示销售单号，1 表示商品编号。

步骤

(1) 新建查询，在 SQL 编辑器中输入以下命令：

```
CREATE PROCEDURE 销售统计
@condition INT
AS
 BEGIN
IF @condition=0
    SELECT 销售单号，SUM(售价) 销售额  FROM 销售表  GROUP BY 销售单号
ELSE
    SELECT 商品编号，SUM(售价) 销售额  FROM 销售表  GROUP BY 商品编号
 END
GO
```

[程序说明]

创建了一个名为销售统计的存储过程，定义了一个参数@condition 用来接受输入的查询类型，0 为按销售单号查询，1 为按商品编号查询。采用 if...else 的选择分支结构来实现不同的查询类型，使用不同的 SQL 语句来统计销售的情况。

(2) 执行命令，查看显示结果，如图 4-6 所示。

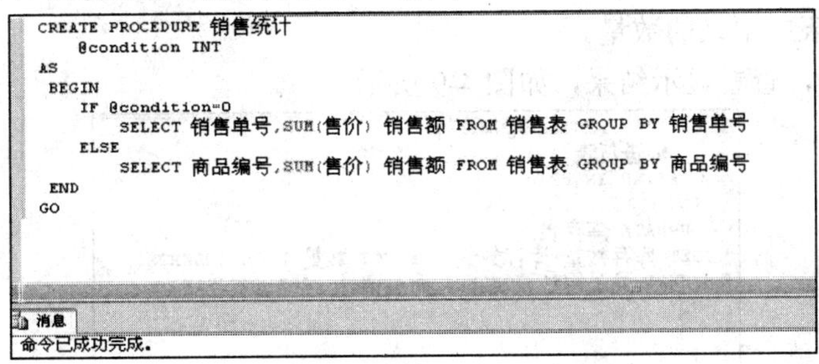

```
CREATE PROCEDURE 销售统计
    @condition INT
AS
BEGIN
    IF @condition=0
        SELECT 销售单号,SUM(售价) 销售额 FROM 销售表 GROUP BY 销售单号
    ELSE
        SELECT 商品编号,SUM(售价) 销售额 FROM 销售表 GROUP BY 商品编号
END
GO
```


图 4-6　创建“销售统计”存储过程

(3) 调用存储过程。按销售单号和商品编号分别查询，如图 4-7、4-8 所示。

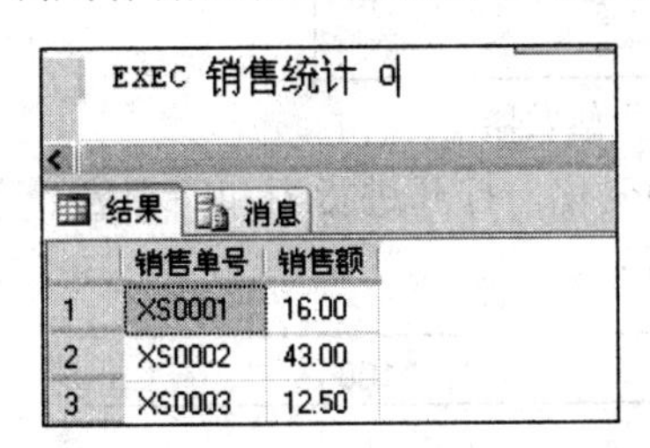

	销售单号	销售额
1	XS0001	16.00
2	XS0002	43.00
3	XS0003	12.50

图 4-7　执行“销售统计”存储过程

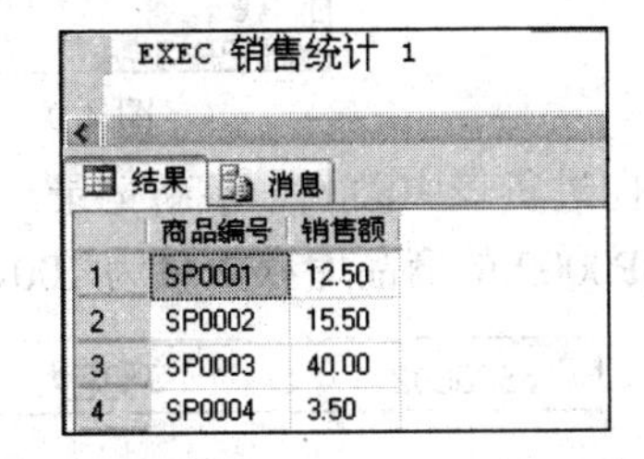

	商品编号	销售额
1	SP0001	12.50
2	SP0002	15.50
3	SP0003	40.00
4	SP0004	3.50

图 4-8　执行“销售统计”存储过程

『练习』

建立一个可按分类查询商品销售总额的存储过程。如用户可以查询百货类的商品销售总额或是文具类的销售总额。

任务 4-5　创建 INSERT 触发器

要求当新增一条进货记录时，可以实现自动增加库存表中相应商品的库存数量。

任务分析

这个触发器是在进货表进行 INSERT 操作时触发的。当进货表发生 INSERT 操作时，执

行修改库存表相应商品的库存数量(加上进货记录中的数量)。

步骤

(1) 新建查询，在 SQL 编辑器中输入以下命令：

```
CREATE TRIGGER 增加库存
  ON 进货表
  AFTER INSERT
AS
 UPDATE 库存表
SET 库存数量=库存数量+(SELECT 数量 FROM INSERTED)
WHERE 商品编号=(SELECT 商品编号 FROM INSERTED)
GO
```

[程序说明]

触发器创建在进货表上，当对进货表有 INSERT 操作时，就会激活触发器，系统将会创建一张 INSERTED 表来保存插入的数据。接着，执行 UPDATE 库存表的 SQL 语句，会修改对应商品的库存，对应商品的商品编号即 INSERTED 表中记录的商品编号，增加的数量即 INSERTED 表中记录的数量。

(2) 执行命令，查看显示结果，如图 4-9 所示。

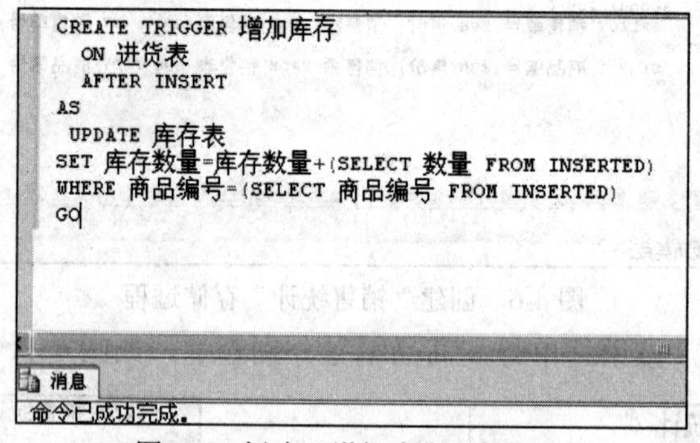

图 4-9 创建“增加库存”触发器

(3) 向进货表中添加一条新记录，查看库存表的变化。打开进货表和库存表，库存表中编号为 SP0002 的商品库存数量为 100，如图 4-10 所示。

SP0002	巧克力	食品	100

图 4-10 库存表记录

(4) 向进货表里添加记录，如图 4-11 所示。

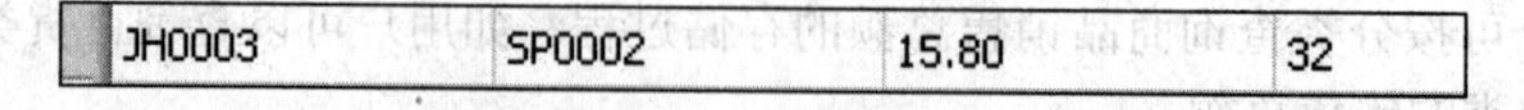

JH0003	SP0002	15.80	32

图 4-11 添加进货记录

(5) 点击“执行”按钮，再查看库存表，发现库存数量已发生改变，如图 4-12 所示。

SP0002	巧克力	食品	132

图 4-12 触发器执行后库存表记录

任务 4-6　创建一个销售控制触发器

任务分析

本触发器的功能是当库存中某种商品库存为 0 时，不允许销售该商品。当要向销售表中插入新记录时，检查库存表中该商品的库存是否为 0，如果是，则回滚插入记录的操作。

步骤

(1) 新建查询，在 SQL 编辑器中输入以下命令：

```
CREATE TRIGGER 销售控制
 ON  销售表
 FOR INSERT
AS
 DECLARE @count INT

     SELECT @count=库存数量 FROM 库存表
     WHERE 商品编号=(SELECT 商品编号 FROM INSERTED)
     IF  @count=0
     BEGIN
      PRINT('不能销售已卖完的商品!')
      ROLLBACK
 end
```

[程序说明]

触发器创建在销售表上，当向销售表中插入记录时，激活触发器，系统创建一张 INSERTED 表，将插入的记录同时保存在 INSERTED 表中。触发器检查库存表中商品编号为新插入记录的商品编号的商品库存是否为 0，如果为 0，则不允许向销售表中插入该记录，将 INSERT 命令回滚。

(2) 执行命令，查看显示结果，如图 4-13 所示。

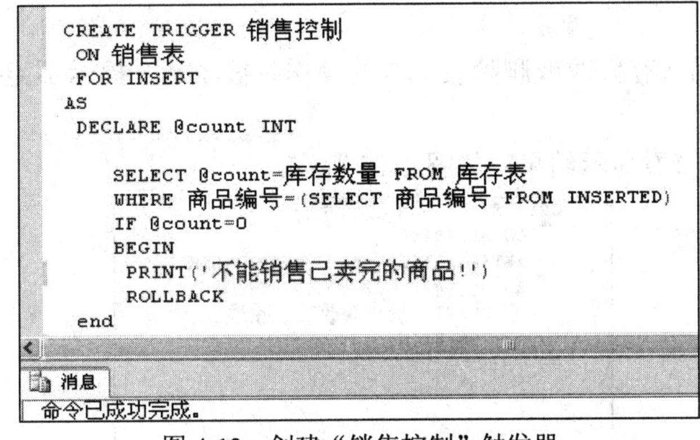

图 4-13　创建“销售控制”触发器

(3) 将库存表中商品编号为 SP0001 的商品库存改为 0，再向销售表中插入一条该商品的销售记录。语句为：

```
INSERT INTO 销售表 VALUES('XS0004', 'SP0001', 12.5, 20)
```

(4) 执行 SQL 命令后，将出现如图 4-14 所示的提示消息，提示不能销售已卖完的商品。当检查销售表后，可发现上面这条记录未被添加。

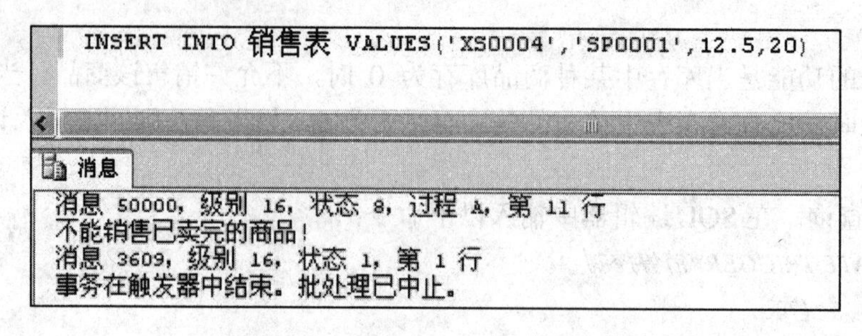

图 4-14 触发器禁止插入非法记录

任务 4-7 创建一个 DDL 触发器

要求禁止在本数据库系统中修改或删除表，用于保障数据库系统的安全性。

任务分析

在 SQL Server 2000 软件中只能创建 DML 触发器，即当对数据表中数据有增、删、改操作时被激活的触发器。而在 SQL Server 2005 软件中不仅能提供 DML 触发器，还能提供创建 DDL 触发器，可以创建数据库级别的触发器，控制对数据表结构增、删、改的操作。

步骤

(1) 新建查询，在 SQL 编辑器中输入以下命令：

```
CREATE TRIGGER 数据库安全
    ON DATABASE
    AFTER ALTER_TABLE, DROP_TABLE
    AS
        PRINT '禁止修改或删除表'
        ROLLBACK
GO
```

[程序说明]

本触发器在数据库有修改或删除表结构的操作时被激活，提示不能操作，并且将上述操作回滚。

(2) 执行命令，查看显示结果，如图 4-15 所示。

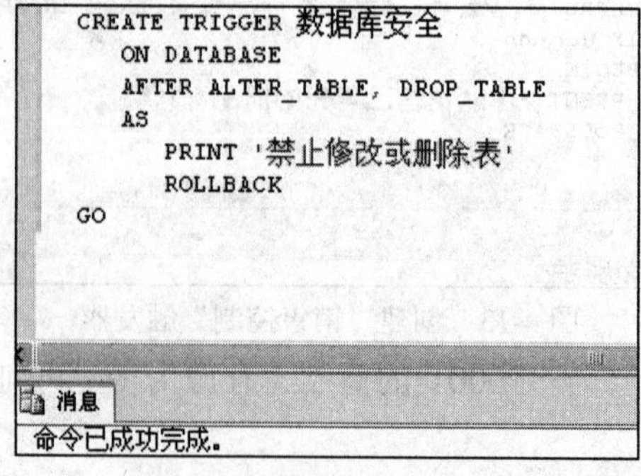

图 4-15 创建“数据库安全”触发器

『练习』

建立一个级联删除的触发器，要求当删除库存表中某样商品的同时，删除进货表和销售表中相应商品的进货和销售记录。

任务 4-8　使用 SQL Server Management Studio Express 完整备份进销存管理数据库

任务分析

在 SQL Server 2005 中可以使用 SQL Server Management Studio Express 管理平台进行数据库的完整备份。

步骤

(1) 启动 SQL Server Management Studio Express 连接服务器，在对象资源管理器中展开服务器对象节点，右键单击“备份设备”节点，在弹出的快捷菜单中选择“新建备份设备”。在弹出的备份设备对话框中填写设备名称，选择目标文件。如图 4-16 所示。

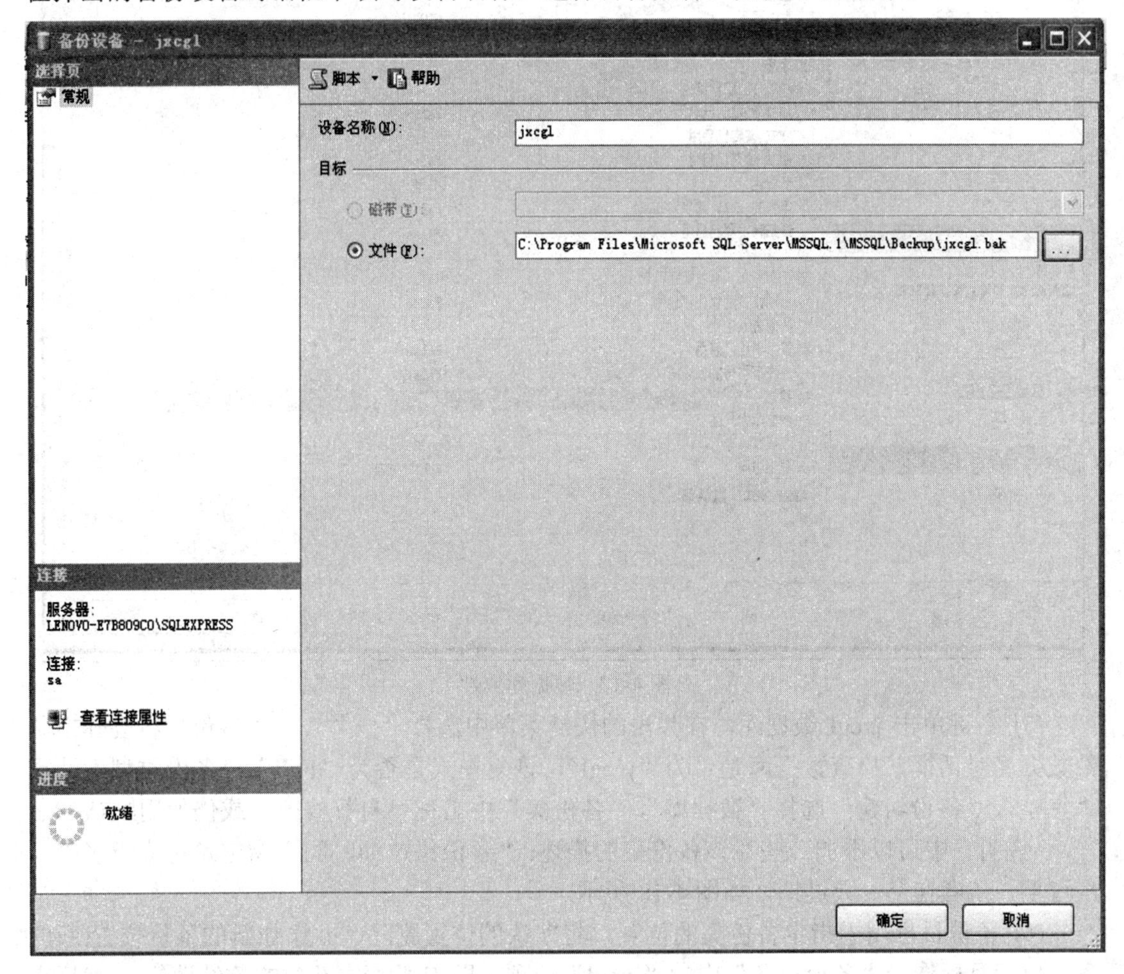

图 4-16　备份设备

目标文件位置可使用默认的，也可点击浏览[...]按钮重新选择新的路径。点击“确定”按钮，关闭该对话框。

(2) 在对象资源管理器中展开数据库节点，右键单击 jxcgl 数据库，在弹出的快捷菜单中选择“属性”。在“选项”中的恢复模式中选择“完整”，点击“确定”按钮，如图 4-17 所示。

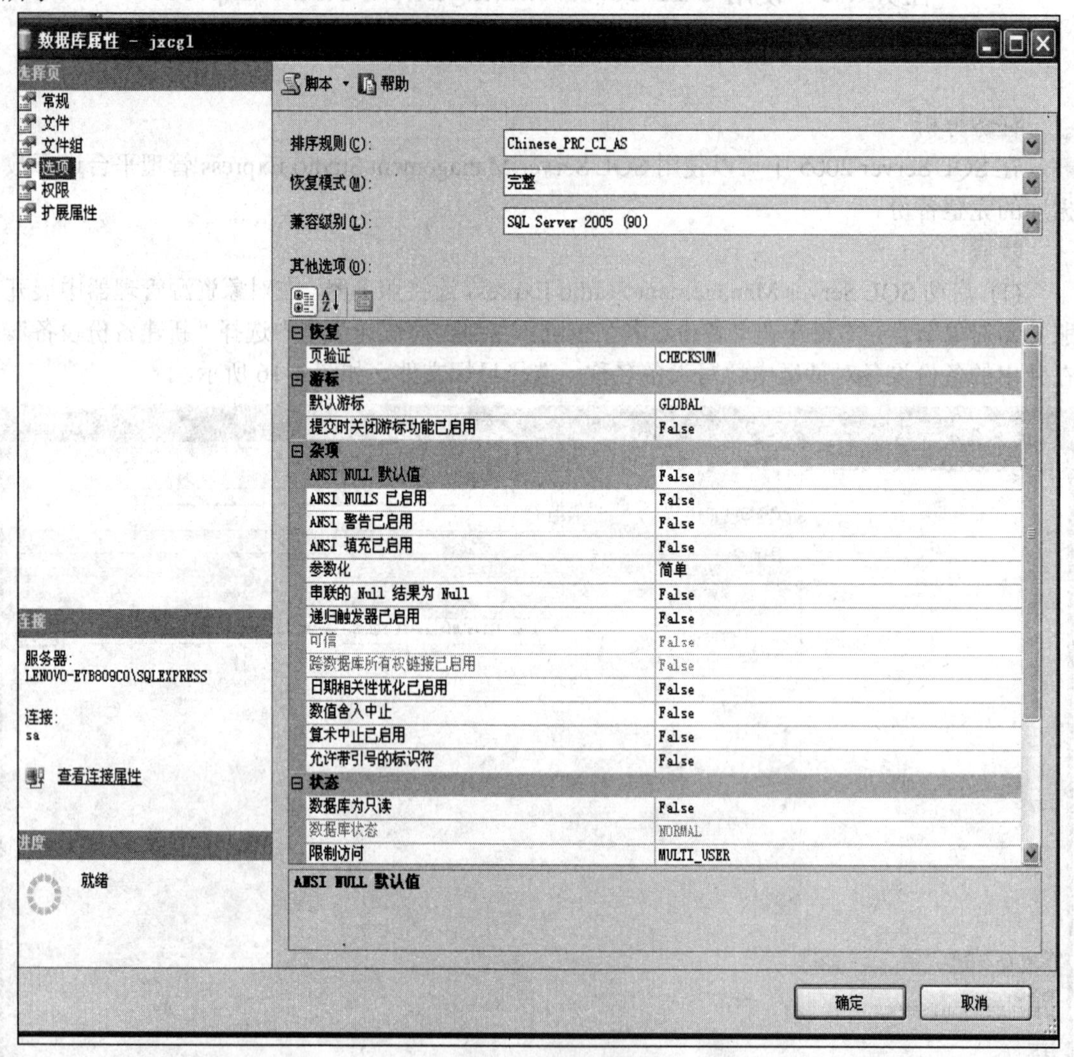

图 4-17 数据库属性

(3) 右键单击 jxcgl 数据库，在弹出的快捷菜单中选择“任务”→“备份”将会弹出备份数据库对话框，检查数据库是否为“jxcgl”，恢复模式是否为“Full”。“备份类型”选择“完整”，“备份组建”选择“数据库”，“备份集”中名称可自行修改，或仍使用默认的名称。“说明”中可以添加一些对该备份集的描述。“备份集过期时间”指定备份集于多少天后过期，或者在某一天过期，如图 4-18 所示。

(4) 备份目标用于指定备份集的位置，将默认的位置删除，并添加新的备份位置(新的备份位置目标选择“备份设备”中的“jxcgl”选项，即步骤(1)中新建的备份设备)，然后点击“确定”按钮，如图 4-19 所示。

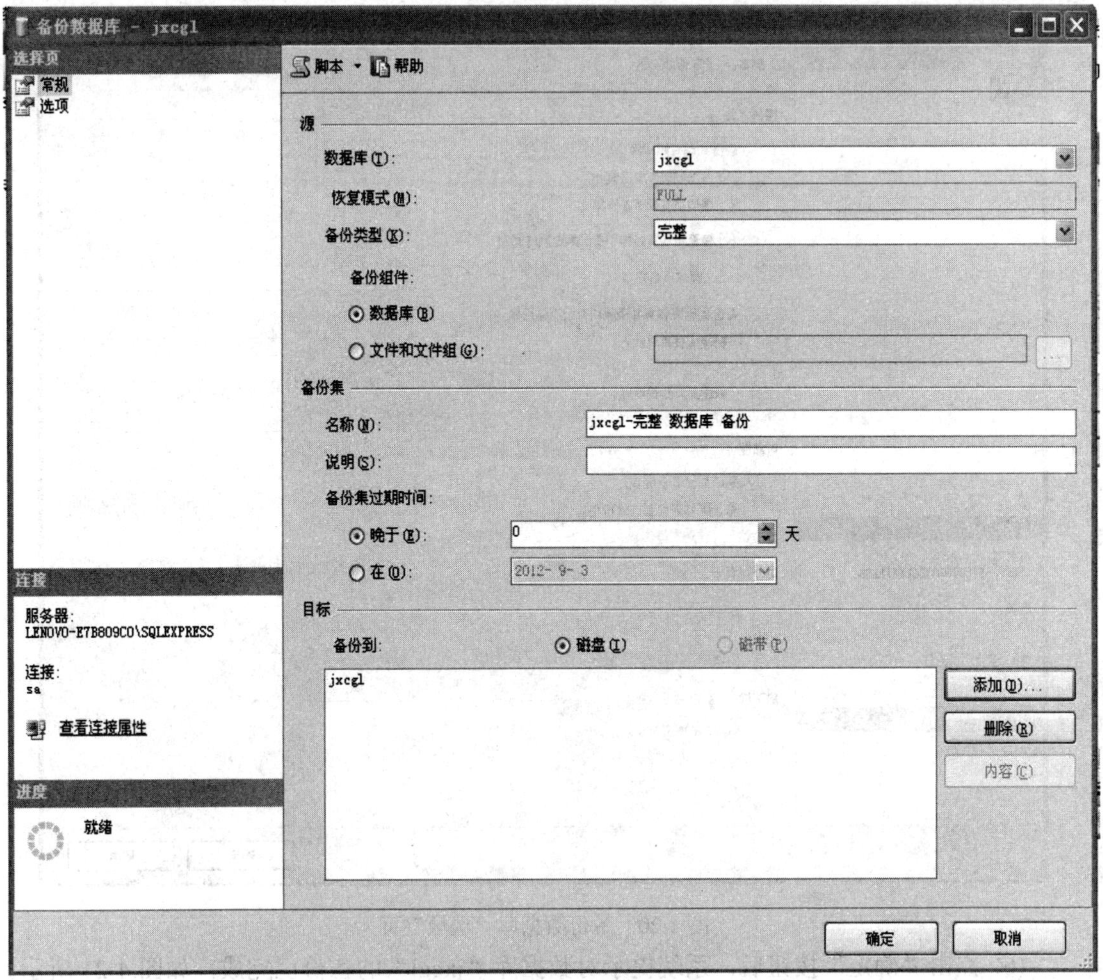

图 4-18　备份数据库

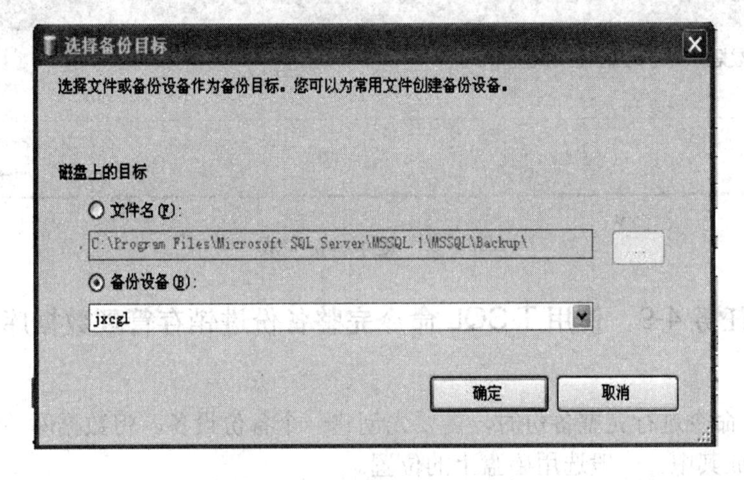

图 4-19　选择备份目标

(5) 在“备份数据库”左侧选择“选项”一栏，在选项页框中完成操作，如图 4-20 所示。

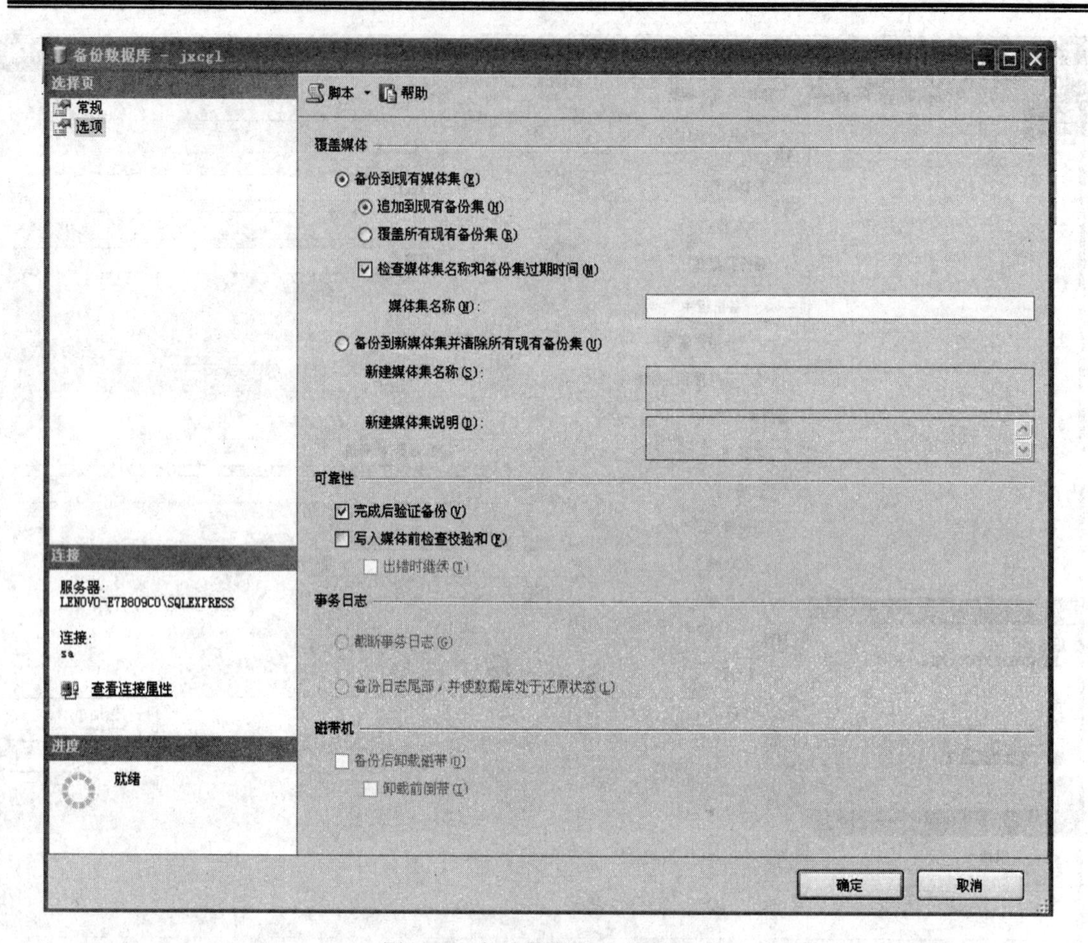

图 4-20　备份数据库“选项”页

(6) 点击“确定”按钮后，系统提示对数据库“jxcgl”的备份已完成，如图 4-21 所示。

图 4-21　提示备份完成

任务 4-9　使用 T-SQL 命令完整备份进销存管理数据库

任务分析

用 T-SQL 命令进行完整备份时，需要先创建一个备份设备，将数据库的数据文件、事务日志文件存放其中。一般选用磁盘上的位置。

步骤

(1) 在 F 盘建立一个名为“Backup”的文件夹，用于存放数据库的备份文件。

(2) 新建查询。创建备份需要先创建备份设备，再创建备份至设备。在查询窗口中输入SQL备份命令：

```
exec sp_addumpdevice 'disk', 'MyBackup', 'F:\Backup\MyBackup'
backup database jxcgl to MyBackup
```

[程序说明]

exec sp_addumpdevice 命令为创建备份集命令，指定三个参数：备份设备类型、设备名、设备位置。

Backup database [数据库]to[备份设备]命令为完整备份数据库命令。

(3) 执行命令，如图 4-22 所示。

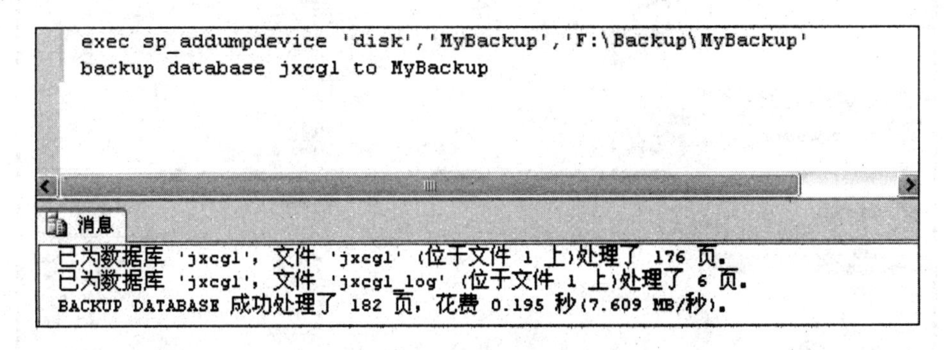

图 4-22　创建数据库备份

(4) 此时，对数据库的完整备份已经保存在备份设备 F:\Backup\MyBackup 中。

任务 4-10　使用 SQL Server Management Studio Express 差异备份进销存管理数据库

任务分析

在 SQL Server 2005 中可以使用 SQL Server Management Studio Express 管理平台进行数据库的差异备份。

步骤

(1) 打开 jxcgl 数据库中的进货表，追加一条新记录，如图 4-23 所示。

JH0004	SP0003	35.90	100

图 4-23　添加新记录

(2) 对数据库进行差异备份，重复任务 4-8 步骤(2)至(6)，在第(3)步时，“备份类型”选择“差异”一栏，如图 4-24 所示。

(3) 查看备份。在对象资源管理器中选中“服务器对象”节点，展开看到备份设备，右键点击“jxcgl”节点，在弹出的快捷菜单中选择“属性”。

(4) 在弹出的备份设备对话框中选择“媒体内容”选项，可以看到两次备份的文件，如图 4-25 所示。

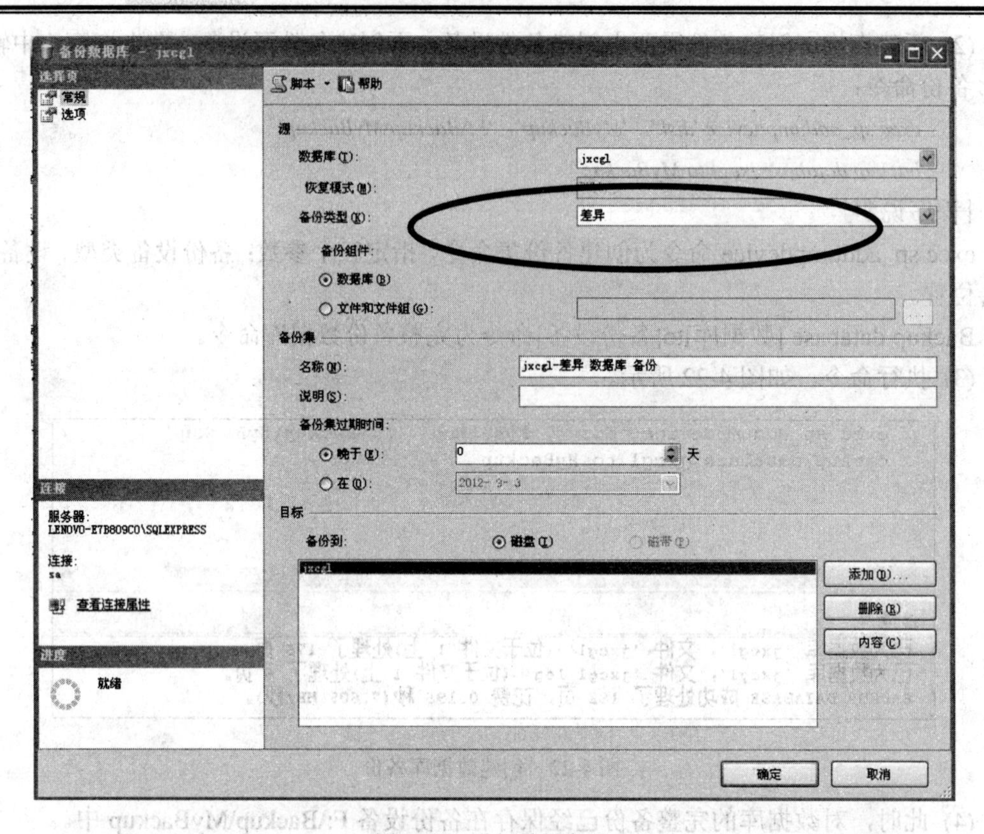

图 4-24　进行差异备份

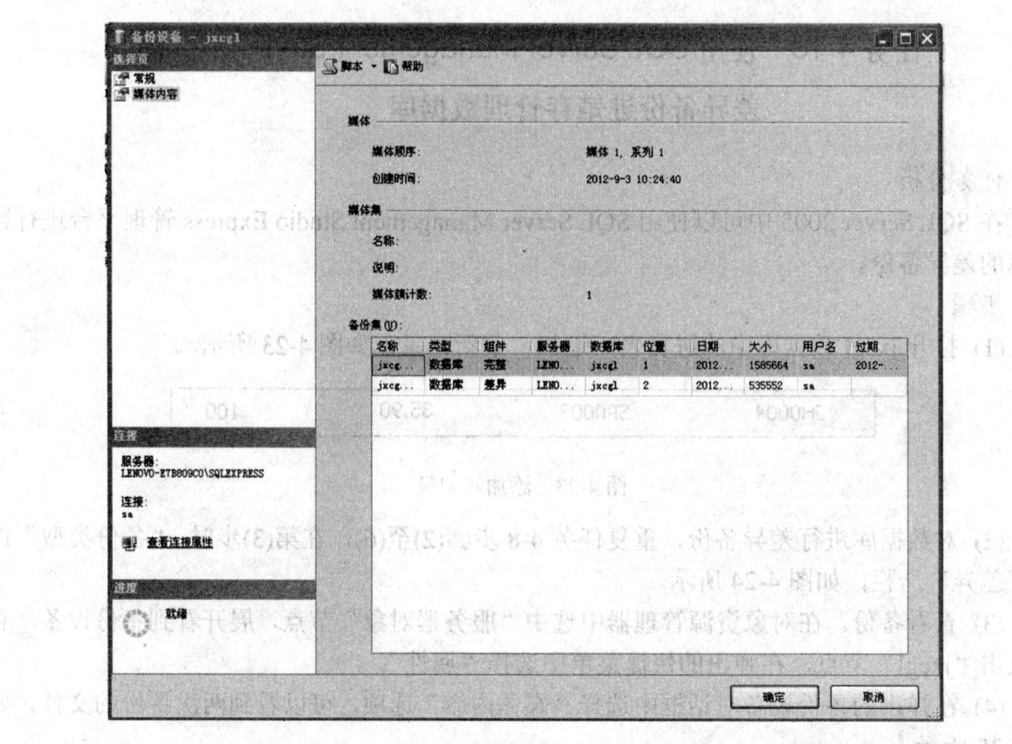

图 4-25　查看备份文件

任务 4-11　使用 T-SQL 命令差异备份进销存管理系统

任务分析

使用 T-SQL 语句进行数据的差异备份，备份原理与使用工具备份的原理相同，需先指定备份设备，再进行差异备份。

步骤

(1) 参照任务 4-10，对 jxcgl 数据库中的数据进行一些修改。

(2) 新建查询，在命令窗口输入以下命令：

```
exec sp_addumpdevice 'disk', 'MyBackupDiff', 'F:\Backup\MyBackupDiff'
backup database jxcgl to MyBackupDiff  with  differential
```

[程序说明]

Backup database [数据库名] to [备份设备] with differential 为差异备份数据库的命令。关键词 with differential 表示备份方式为差异备份。

(3) 执行备份命令，消息框提示备份已完成，如图 4-26 所示。

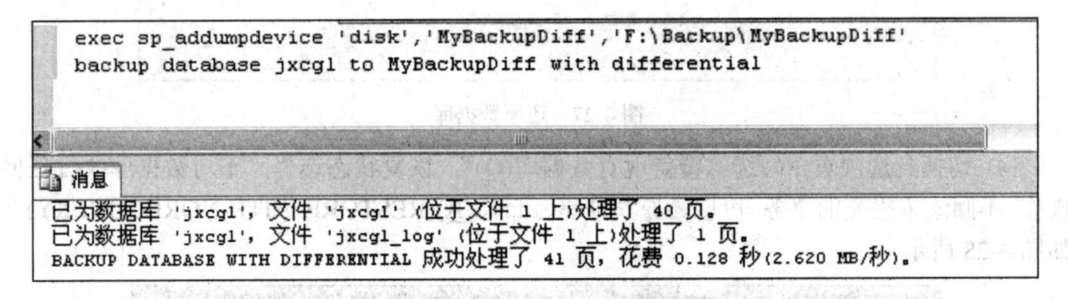

图 4-26　执行差异备份命令

(4) 此时，对数据库的完整备份已经保存在备份设备 F:\Backup\MyBackupDiff 中。

任务 4-12　使用 SQL Server Management Studio Express 进行数据库的简单恢复

任务分析

利用上述任务中完成的完整数据备份和差异数据备份，可对数据库进行简单恢复，既可将数据恢复到完整备份时的状态，也可恢复到差异备份时的状态。

步骤

(1) 打开进货表，将任务 4-2 步骤(1)中添加的新记录删除，并将进货编号为 JH0003 的记录的单价改为 20。

(2) 在对象资源管理器中展开数据库节点，右键单击 jxcgl 数据库，在弹出的快捷菜单中选择“任务”→“还原”→“数据库”。

(3) 在打开的“还原数据库”对话框中检查目标数据库为“jxcgl”，目标时间点为最近状态，还原的备份集为名为“jxcgl”的源数据库。仅选择“jxcgl-完整数据库备份”作为用于还原的备份集，如图 4-27 所示。

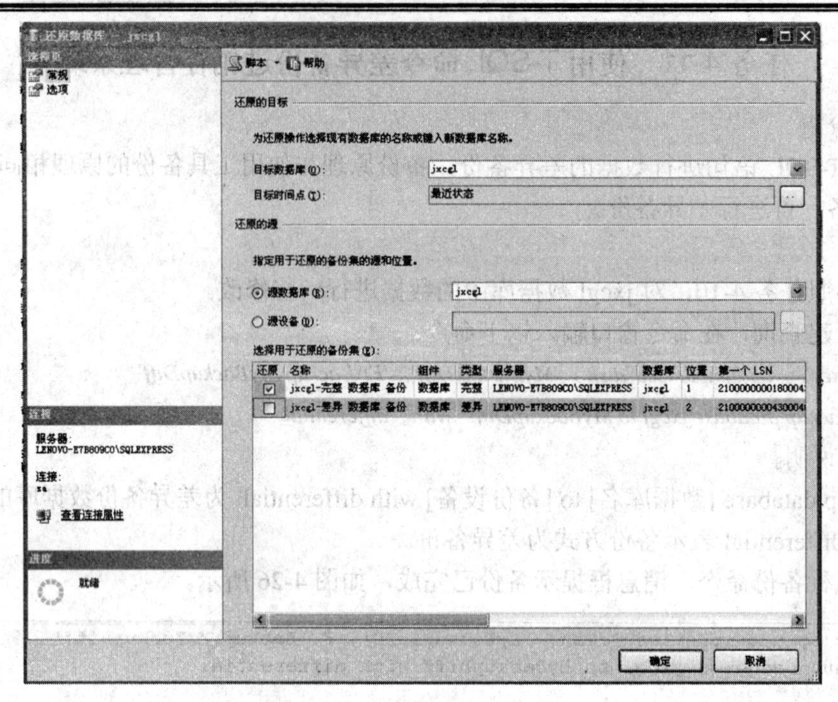

图 4-27　还原数据库

(4) 切换到选项页，勾选“覆盖现有数据库(O)”。恢复状态选择“不对数据库执行任何操作,不回滚未提交的事务。可以还原其他事务日志(A)(RESTORE WITH NORECOVERY)”。如图 4-28 所示。

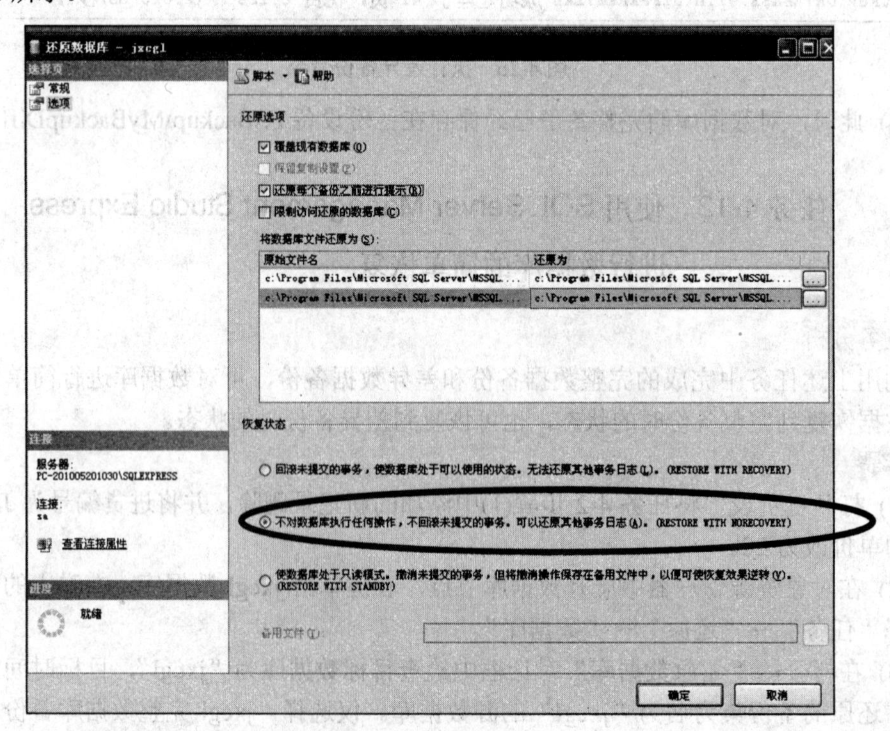

图 4-28　还原选项

(5) 点击“确定”按钮，弹出消息框，提示对数据库“jxcgl”的还原已成功完成，如图 4-29 所示。

图 4-29　还原完成

(6) 打开进货表，查看数据恢复如下，如图 4-30 所示。

进货编号	商品编号	单价	数量
JH0001	SP0001	18.00	120
JH0001	SP0005	18.00	120
JH0002	SP0001	9.80	200
JH0002	SP0003	36.00	50
JH0002	SP0004	2.40	100
JH0003	SP0002	15.80	32

图 4-30　查看进货表数据 1

(7) 再次还原数据库，此时勾选差异备份。

(8) 再次查看进货表，数据如图 4-31 所示。

进货编号	商品编号	单价	数量
JH0001	SP0001	18.00	120
JH0001	SP0005	18.00	120
JH0002	SP0001	9.80	200
JH0002	SP0003	36.00	50
JH0002	SP0004	2.40	100
JH0003	SP0002	15.80	32
JH0004	SP0003	35.90	100
NULL	NULL	NULL	NULL

图 4-31　查看进货表数据 2

任务 4-13　使用 T-SQL 命令对数据库进行简单恢复

任务分析

使用 T-SQL 语句进行恢复，需要指定要还原的数据库名称及使用的备份。

步骤

(1) 参照任务 4-12 步骤(1)对数据库进行一些修改。

(2) 新建查询。在命令窗口输入以下命令：

```
use master
restore database jxcgl from Mybackupdiff
```

[程序说明]

(1) Restore database [数据库] from [备份设备\备份文件]命令可对数据库进行还原。

(2) User master 语句的作用是指定当前数据库是 master，若当前数据库为 jxcgl，则在恢复数据库时会发生冲突，导致恢复失败。

(3) 执行恢复数据库命令，如图 4-32 所示。

(4) 查看数据库中的数据是否恢复到任务 4-11 中差异备份时的状态。

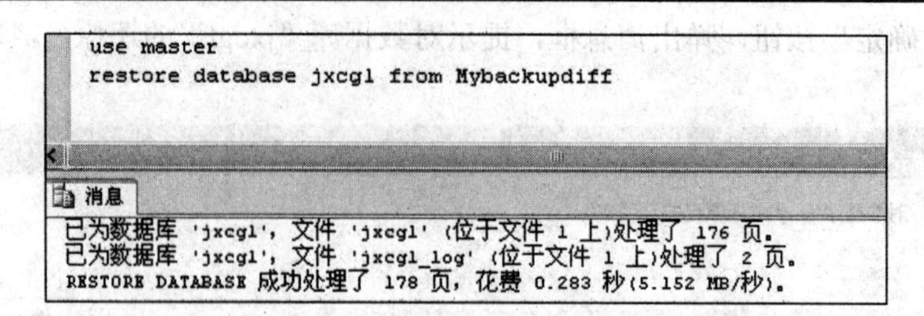

图 4-32 恢复数据库命令

任务 4-14 使用 SQL Server Management Studio Express 进行数据库数据日志备份和即时点恢复

任务分析

数据库日志备份与上述两种备份不同，完整备份和差异备份记录的是在备份时数据的状态，而日志备份记录的是从上次备份到本次备份之间对数据库进行的所有操作。因此，利用日志备份可以将数据库恢复到某一个时间点。

步骤

(1) 打开进货表，对表中数据进行一些修改，过 2 至 3 分钟后，再修改一次，记住自己的操作和两次修改的时间。

(2) 对数据库进行差异备份，重复任务 4-8 步骤(1)至(6)，在第(3)步时，“备份类型”选择“数据日志”。

(3) 对数据库进行还原，选择的备份包括数据库的完整备份和步骤(2)生成的数据日志备份。目标时间设置为步骤(1)两次修改的中间时间，如图 4-33 所示。

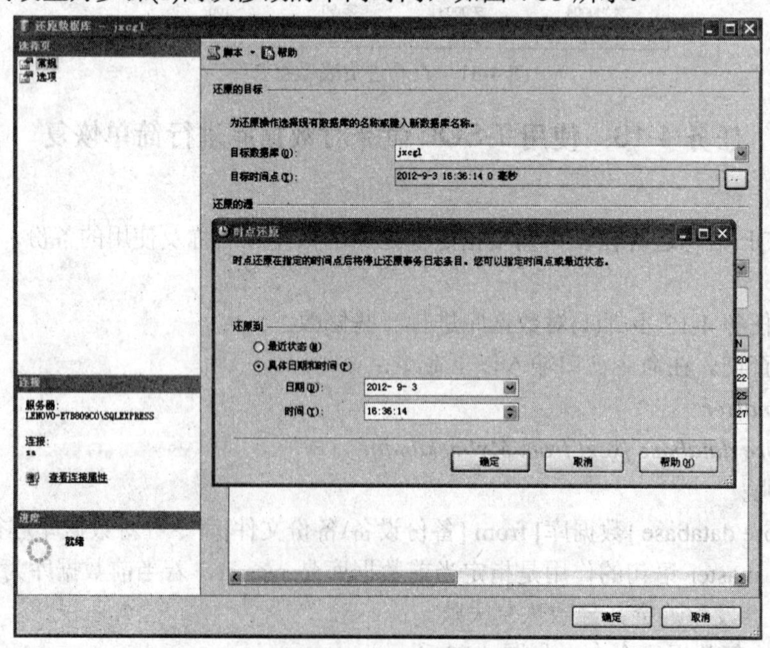

图 4-33 设置还原点

(4) 查看进货表，检查数据是否恢复到第一次修改后的状态。

任务 4-15　使用 T-SQL 进行数据库数据日志备份和即时点恢复

任务分析

同任务 4-14，完成数据库数据日志备份和即时点恢复。

步骤

(1) 参照任务 4-14，在两个时间点上，分别对数据库数据进行一些修改，记住这两个状态。

(2) 新建查询。在命令窗口输入以下命令，如图 4-34 所示。

exec sp_addumpdevice 'disk'，'MyBackupL'，'F:\Backup\MyBackupL'

backup log jxcgl to MyBackupL

```
exec sp_addumpdevice 'disk','MyBackupL','F:\Backup\MyBackupL'
backup log jxcgl to MyBackupL

消息
已为数据库 'jxcgl'，文件 'jxcgl_log' (位于文件 2 上)处理了 9 页。
BACKUP LOG 成功处理了 9 页，花费 0.052 秒(1.348 MB/秒)。
```

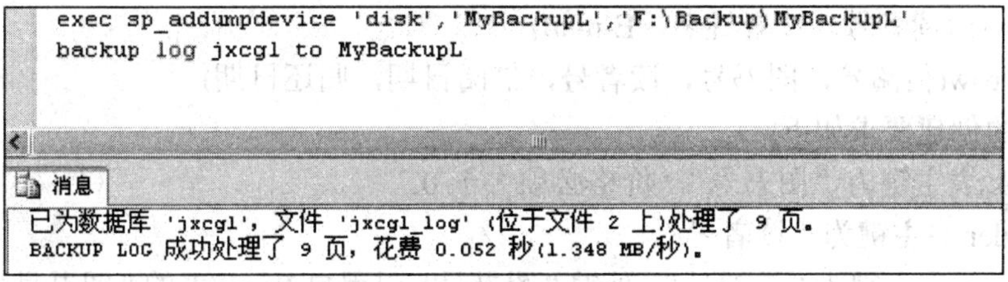

图 4-34　数据日志备份命令

(3) 新建查询，还原数据库至步骤(1)的两个时间点中间的某一刻。命令如下：

use master

restore　log jxcgl　from　MyBackupL　with　stopat='2012-10-14 16:21:00'

(4) 执行命令，查看数据还原情况。

『练习』

尝试使用两种不同的方法还原数据到任务 4-14 中第二次修改数据之后的状态。

4.3　融 会 贯 通

本项目的内容包括数据库完整性、数据库可编程性和数据库备份以及恢复三部分。

在数据库完整性中，需要掌握实体完整性、域完整性、参照完整性和用户定义完整性这四种完整性约束的定义和实现方法。实体完整性通过创建表的主键来实现；域完整性通过控制字段的取值范围来实现；参照完整性可通过定义外键关联来实现；用户自定义完整性则是根据业务要求而设置的更为具体的完整性规则。如果数据完整性不能通过上述四种完整性实现方法实现，那么可以借助触发器的定义来实现。每个数据库设计和创建都应该遵照这几种完整性的要求。数据库设计得好，会给前台应用程序的开发带来便利，而且可以节省时间。

数据库的可编程性主要指存储过程，存储过程可以通过 T-SQL 语句对数据库进行编程，实现一些常用或是比较频繁的对数据库的操作，包括对数据的读写和修改。此外，由存储过程定义功能，由前台应用程序调用存储过程的系统开发方式，相对完全由前台应用程序来定义功能的开发方式而言，安全性也更高。

数据库的备份和恢复在数据库管理和数据库日常维护中使用较频繁。一般企业使用数据库，每天都会进行数据库的备份。比如一周进行一次完整备份，一天进行一次差异备份，每四小时进行一次事务日志备份。当然安排执行时须根据具体实际情况来定，以防当数据库发生异常时，可以及时恢复。

4.4 习　题

1．使用 T-SQL 命令建立项目一中的任务 1-3——认识图书管理数据库，数据库的三张表分别为：

Book(图书号，标题，作者，价格，ISBN)

Reader(读者号，读者姓名，E-mail)

Borrow(借阅号，图书号，读者号，借阅日期，归还日期)

三张表的创建要求如下：

(1) Book 表主键为“图书号”，价格必须大于 0。

(2) Reader 表主键为“读者号”。

(3) Borrow 表主键为“借阅号”，外键“图书号”引用自 Book 表的“图书号”，外键“读者号”引用自 Reader 表的“读者号”。

2．为 Book 表创建更新级联触发器，当修改 Reader 表的读者号时，Borrow 表的读者号也随之修改。

3．创建一个存储过程，可根据用户指定的读者号来查询图书借阅记录。

4．对图书管理数据库分别进行完全备份、差异备份及数据日志备份，并尝试不同时刻的数据恢复。

项目五　酒店管理系统的开发(实训)

本项目是一个基于实际酒店经营模式开发的简化版酒店管理系统。项目的重点在于通过对 SQL Server 2005 的数据库开发，结合前面项目所学习的内容，提升读者对 SQL Server 2005 数据库的相关技能的掌握程度。本项目前台的开发环境采用 VB.net 的 WinForm。

任务 5-1　创建酒店管理数据库

任务分析

酒店管理系统中，主要需要三张表来记录信息，分别是房间表、客人信息表和入住信息表。另外，还需要一张记录房间类型的数据字典表——房间类型表和一张记录证件类型的数据字典表——证件类型表。

步骤

(1) 创建项目文件夹。在 E 盘上新建一个文件夹，命名为“酒店管理”。

(2) 新建数据库，命名为“酒店管理”。在新建数据库对话框中，将“酒店管理”的数据文件和日志文件的路径都定位到步骤(1)中创建的“酒店管理”文件夹。

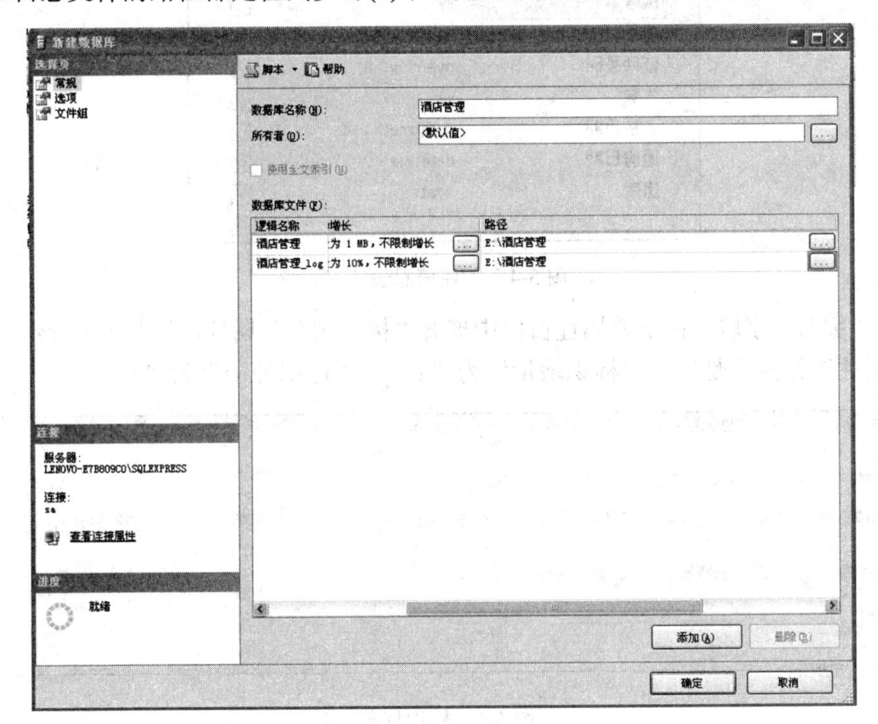

图 5-1　创建数据库

(3) 创建房间表，房间表的字段名和数据类型设置如图 5-2 所示。设置房号为房间表的主键。

列名	数据类型	允许空
房号	nvarchar(16)	☐
类型	nvarchar(8)	☑
房价	float	☑
状态	nvarchar(10)	☑
		☐

图 5-2　房间表定义

(4) 创建客人信息表，客人信息表的字段名和数据类型设置如图 5-3 所示，设置证件号码为房间表的主键。

列名	数据类型	允许空
姓名	nvarchar(8)	☑
性别	nvarchar(4)	☑
证件类型	nvarchar(20)	☑
证件号码	nvarchar(20)	☐
		☐

图 5-3　客人信息表定义

(5) 创建入住信息表，入住信息表的字段名和数据类型设置如图 5-4 所示。因为表中其他字段均不具备唯一性，因此建立一个编号字段作为该表的主键。

列名	数据类型	允许空
编号	int	☐
房号	nvarchar(16)	☑
证件号码	nvarchar(20)	☑
人数	int	☑
入住日期	datetime	☐
退房日期	datetime	☑
房费	float	☑
		☐

图 5-4　入住信息表定义

选中“编号”字段，在下方属性窗口中展开“标识规范”属性，如图 5-5 所示。将“(是标识)”属性选择为“是”，“标识增量”为“1”，“标识种子”为“1”。

(常规)	
(名称)	编号
默认值或绑定	
数据类型	int
允许空	否
表设计器	
RowGuid	否
标识规范	是
(是标识)	是
标识增量	1
标识种子	1
不用于复制	否
大小	4

图 5-5　标识规范

(6) 房间类型表的字段名和数据类型设置如图 5-6 所示。编号的“标识规范”属性设置同入住信息表。

	列名	数据类型	允许空
▶🔑	编号	int	☐
	房间类型	nvarchar(8)	☑
			☐

图 5-6　房间类型表定义

(7) 证件类型表的字段名和数据类型设置如图 5-7 所示。编号的“标识规范”属性设置同入住信息表。

	列名	数据类型	允许空
▶🔑	编号	int	☐
	证件类型	nvarchar(20)	☑
			☐

图 5-7　证件类型表

(8) 给房间表添加一些记录，如图 5-8 所示。

	房号	类型	房价	状态
	A101	单人房	150	空闲
	A102	单人房	150	空闲
	A103	单人房	150	空闲
	A104	双人房	200	空闲
	B201	双人房	200	空闲
	B202	双人房	250	空闲
	C301	单人房	180	空闲
	C302	双人房	280	空闲
	C303	双人房	280	空闲
	C304	单人房	180	空闲
✎	C405	双人房	300	空闲
*	NULL	NULL	NULL	NULL

图 5-8　房间表记录

(9) 给房间类型表添加一些记录，如图 5-9 所示。

(10) 给证件类型表添加一些记录，如图 5-10 所示。

	编号	房间类型
	1	单人房
	2	双人房
	3	大床房
▶*	NULL	NULL

图 5-9　房间类型表记录

	编号	证件类型
	1	身份证
	2	军官证
▶*	NULL	NULL

图 5-10　证件类型表记录

任务 5-2　创建其他数据对象

任务分析

房间表、客人信息表、入住信息表、房间类型表和证件类型表，这五张表之间相互有着制约和联系，需要在数据库中设置相应的约束来保持数据的一致性。酒店管理的一些功能可以通过建立触发器和存储过程来实现，前台应用程序可直接调用数据库中的触发器和存储过程。

任务 1：创建外键

目前创建的五张数据表中，入住信息表分别对房间信息表和证件类型表有依赖关系，入住信息表中的房号字段必须与房间信息表的主键房号字段保持一致，入住信息表中的证件类型字段必须与证件类型表中的证件类型字段保持一致。房间信息表对房间类型表也有依赖关系，房间信息表中的类型字段必须与房间类型表中的房间类型字段保持一致。这种数据一致性的要求，可以通过建立外键的方法来满足。

下面我们来讲述如何创建入住信息表的外键。

步骤

(1) 在对象资源管理器中展开表文件夹，选中“入住信息表”并展开，选中“键”文件夹，右键单击后在弹出的快捷菜单中选择“新建外键”，此时入住信息表会自动被打开，同时打开“外键关系”对话框，如图 5-11 所示。

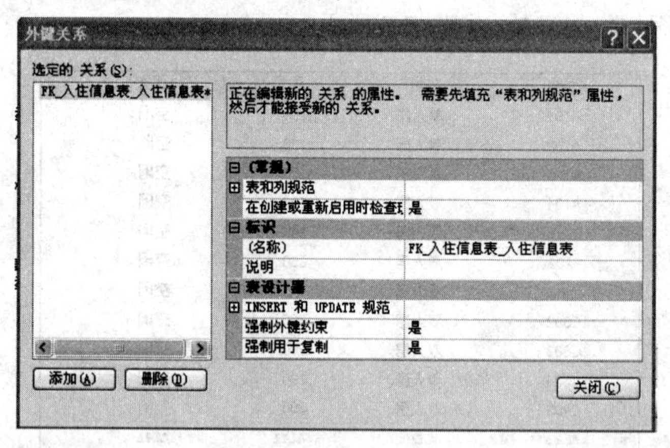

图 5-11　外键关系

(2) 点击“表和列规范”属性右侧的“...”按钮，在弹出的“表和列”对话框中编辑外键，如图 5-12 所示。主键表选择“房间表”，字段选择“房号”。外键表为“入住信息表”，字段为“房号”。

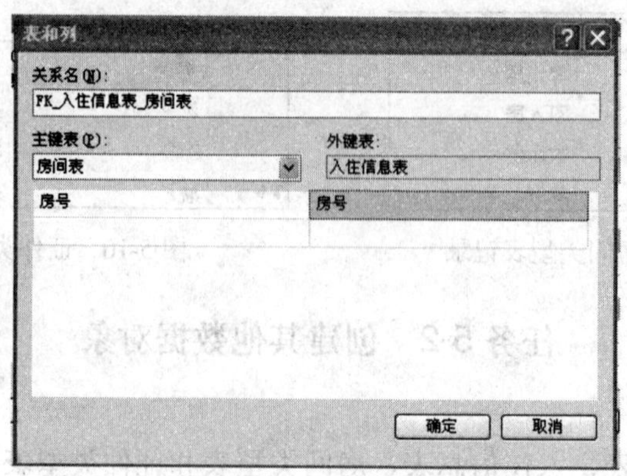

图 5-12　表和列

(3) 点击“确定”按钮并关闭“外键关系”对话框。保存对入住信息表的修改。

参照上述方法可以建立入住信息表对证件类型表的外键依赖，以及房间表对房间类型表的外键依赖。

任务 2：创建触发器

任务分析

酒店管理中的一些业务功能可以通过建立触发器的方式来实现。比如，当有客人入住酒店后，除了要向入住信息表中添加一条记录之外，还需要修改房间表，将客人所入住房间的状态更改为“营业中”。

步骤

(1) 新建查询。点击工具栏中的 新建查询(N) 按钮，新建一个查询。数据库选择为“酒店管理” 酒店管理 。

(2) 在查询文件中创建“入住”触发器，命令如下：

```
CREATE TRIGGER 入住
ON 入住信息表
AFTER INSERT
AS
UPDATE 房间表
SET 状态='营业中'   WHERE 房号=(SELECT 房号   from INSERTED)
```

(3) 执行以上触发器命令。会出现提示消息“命令已成功完成”，如图 5-13 所示。

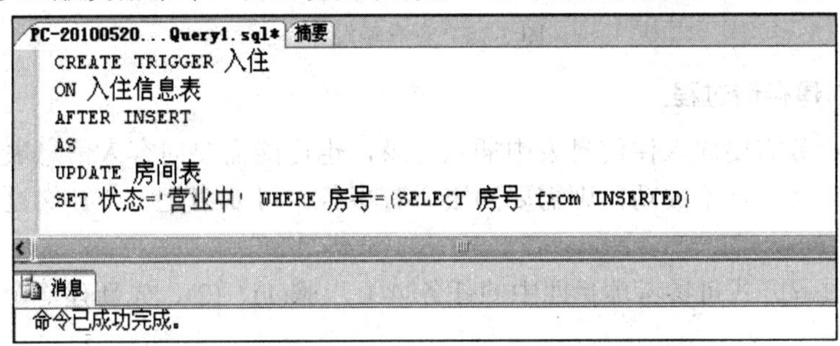

图 5-13 创建“入住”触发器

同样的，当客人退房后，需要将房间表中相应房间的状态修改为“空闲”。退房的操作即修改入住信息表，补充退房日期和房费信息。因此可写在入住信息表的 Update 触发器中。

(4) 参照步骤(1)至(3)创建“退房”触发器，命令如下：

```
CREATE TRIGGER 退房
ON 入住信息表
AFTER UPDATE
AS
UPDATE 房间表
SET 状态='空闲' WHERE 房号=(SELECT 房号 from INSERTED)
```

(5) 执行结果如图5-14所示。

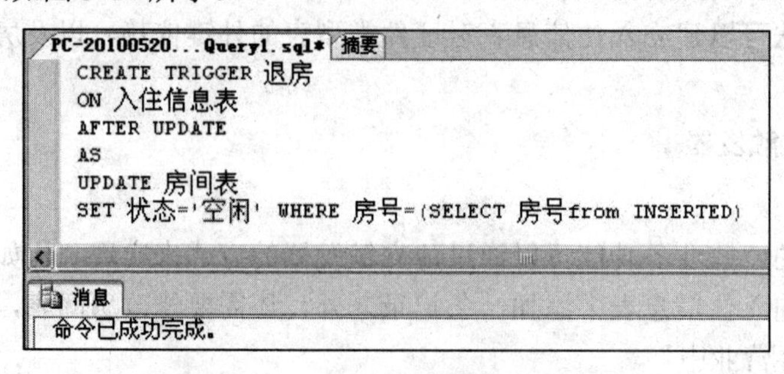

图5-14　“退房”触发器的执行结果

(6) 在对象资源管理器中刷新数据库。可在“入住信息表”节点下的“触发器”节点中看到新创建的两个触发器，如图5-15所示。

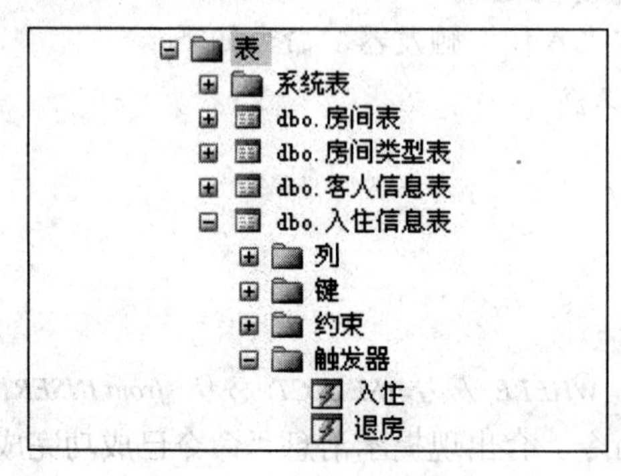

图5-15　查看触发器

任务3：创建存储过程

入住登记业务需要向入住信息表中插入记录，也可能需要向客人信息表中插入记录。对两表的操作如有一项不成功，则需要回滚所有事务。可以创建一个存储过程来完成以上功能。

创建存储过程方式可参考项目四中的任务4-1步骤(1)、(2)，先新建一个查询，然后录入以下命令：

```
CREATE PROCEDURE 入住登记
@姓名NVARCHAR(8),
@性别NVARCHAR(4),
@证件类型NVARCHAR(20),
@证件号码NVARCHAR(20),
@房号NVARCHAR(16),
@人数INT,
@入住日期DATETIME
AS
DECLARE @counts NVARCHAR(20)
BEGIN TRY
```

```
BEGIN TRAN
    SELECT @counts=COUNT(*) FROM 客人信息表 WHERE 证件号码=@证件号码
    IF @counts=0
    BEGIN
    INSERT INTO 客人信息表 VALUES(@姓名，@性别，@证件类型，@证件号码)
    END
    INSERT INTO 入住信息表(房号，证件号码，人数，入住日期) VALUES(@房号，@证件号码，人数，@入住日期)
COMMIT TRAN
END TRY
BEGIN CATCH
 IF @@trancount > 0
BEGIN
    ROLLBACK TRAN
END
END CATCH
```

创建存储过程的命令执行成功后，用以下命令执行存储过程，试验存储过程的功能。

```
exec 入住登记 @姓名='张扬'，@性别='女'，@证件类型='军官证'，@证件号码='12345678'，@房号='A103'，@人数=2，@入住日期='2012-12-1'
```

执行结果如图 5-16 所示。

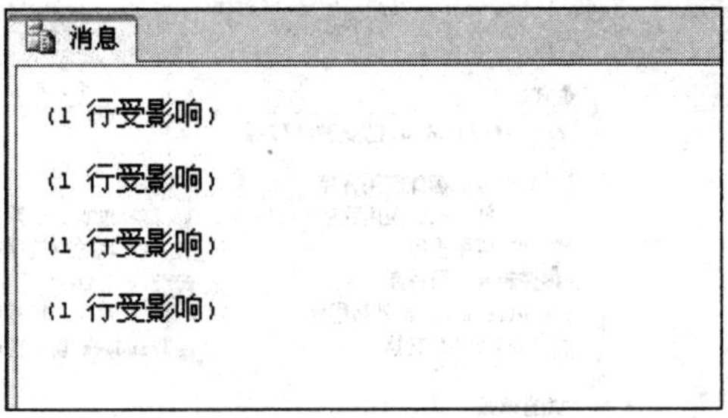

消息

(1 行受影响)

(1 行受影响)

(1 行受影响)

(1 行受影响)

图 5-16　提示消息

任务 5-3　创建酒店管理应用程序

任务分析

酒店管理应用程序是为了方便用户对酒店管理数据库的操作而开发的前台应用程序。通过前台应用程序，可以对数据库进行便捷的增、删、改和查询操作，并且不要求用户了解数据库的知识和使用技能。这里我们选用微软公司的 Visual Studio 2008(简写为 VS 2008)作为开发工具，开发语言使用 VB.net。

步骤

(1) 启动 Visual Studio 2008。选择开始→程序→Microsoft Visual Studio 2008，即可打开 VS 2008 开发环境，如图 5-17 所示。在 D 盘上创建一个文件夹，命名为“酒店管理系统”。

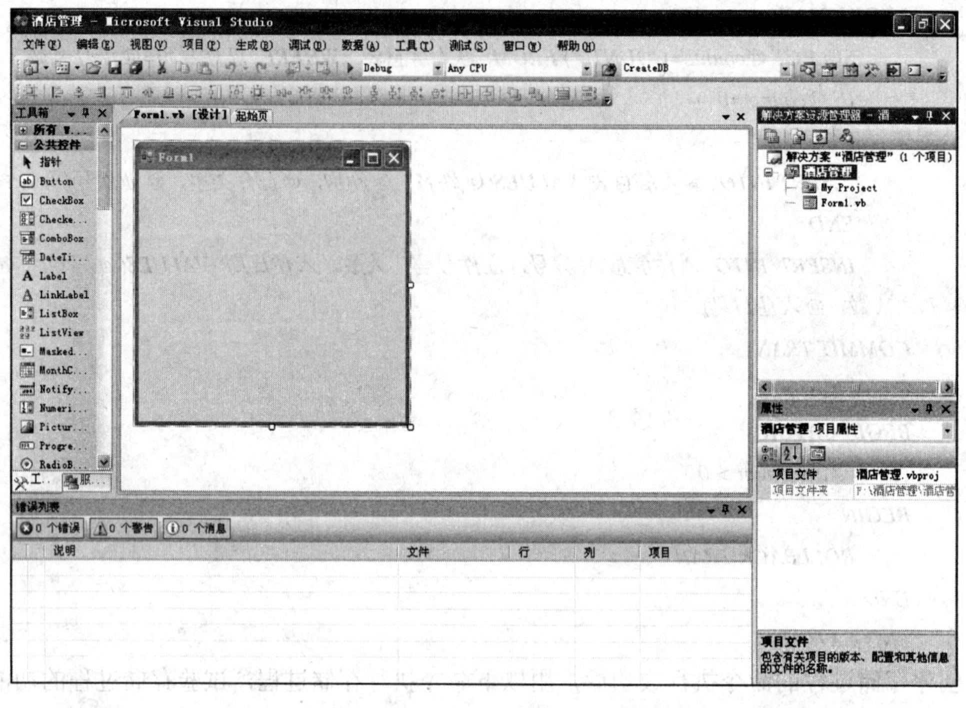

图 5-17 VS 2008 开发环境

(2) 新建项目。选择“文件”菜单→新建项目，打开如图 5-18 所示对话框。设置项目名称为“酒店管理”，位置选择步骤(1)中文件夹所建的位置，点击“确定”按钮。

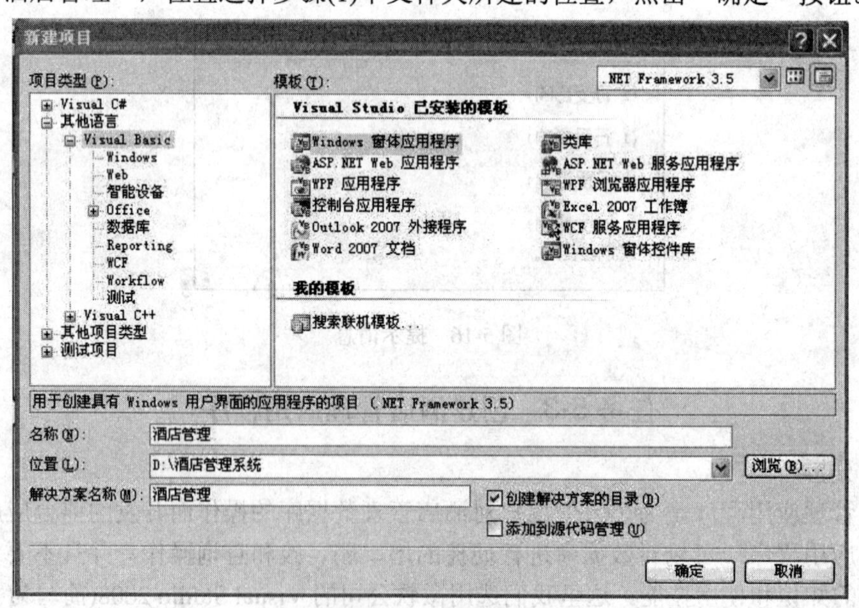

图 5-18 新建项目

(3) 为项目添加数据源。选择“数据”→“添加新数据源”，打开如图 5-19 所示页面。选中“数据库”，点击“下一步(N)”按钮，将弹出“数据源配置向导”页面，然后点击“新建连接(C)”按钮，如图 5-20 所示。

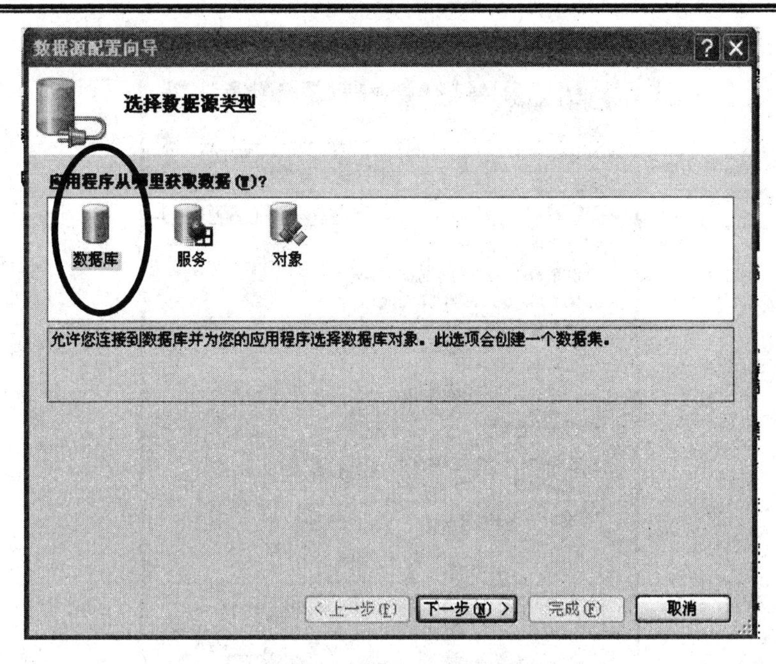

图 5-19　数据源配置向导

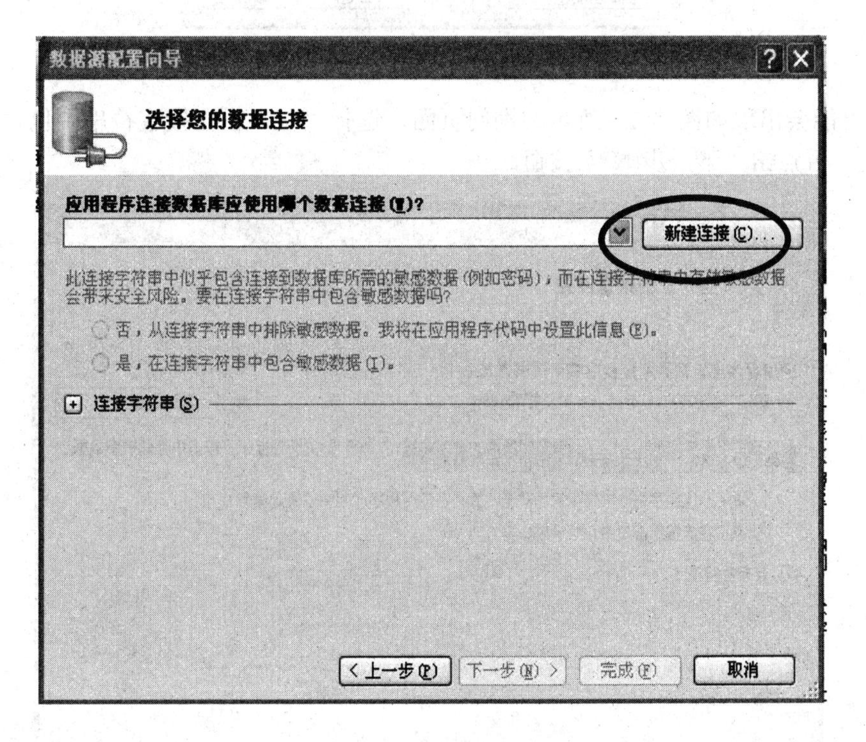

图 5-20　选择数据连接

(4) 在弹出的“添加连接”对话框中进行设置。“服务器名”可选择下拉列表中的服务器名，或输入本机 IP，如图 5-21 所示。“登录到服务器”选择“使用 SQL Server 身份认证(Q)”。输入相应用户名和密码(SQL Server 安装时设定的)。选择“酒店管理”数据库，点击“测试连接(T)”选项，连接成功后点击“确定”按钮。

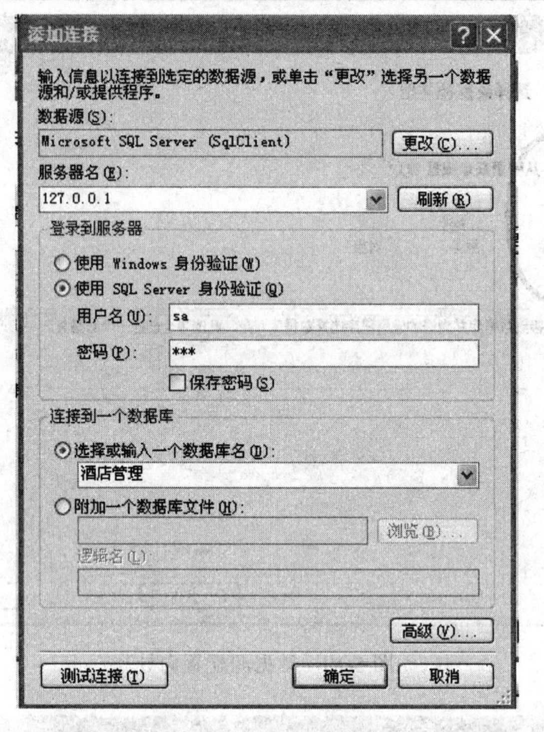

图 5-21　添加连接

(5) 可能会出现如图 5-22 所示的询问页面，选择“是，在连接字符串中包含敏感数据(I)。”栏，再点击“下一步(N)”按钮。

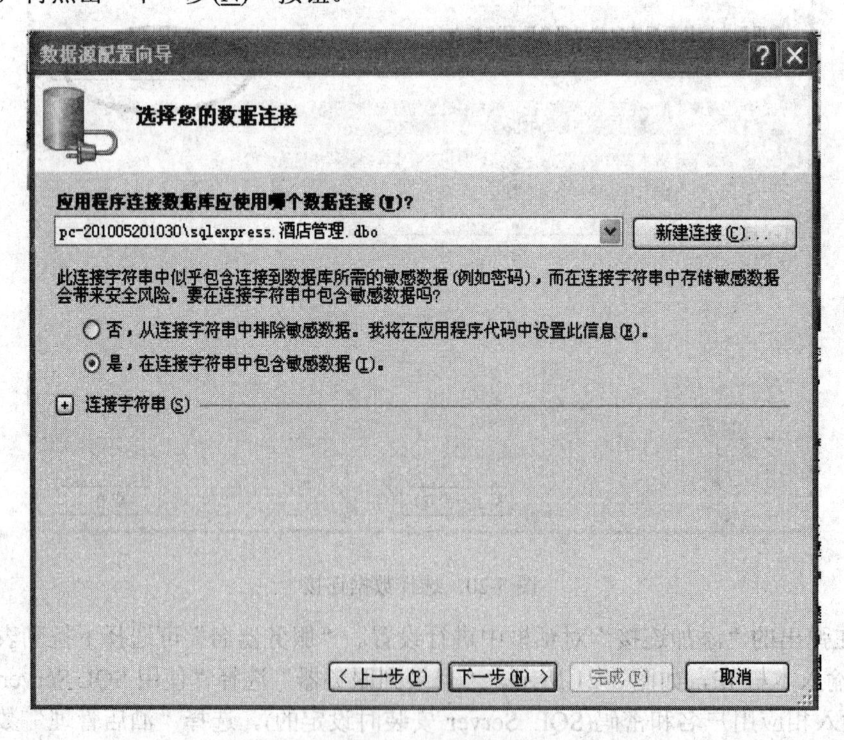

图 5-22　是否包含敏感数据

(6) 打开数据源配置向导界面，选择“是，将连接保存为(Y)：”栏，如图 5-23 所示。再点击“下一步”按钮。

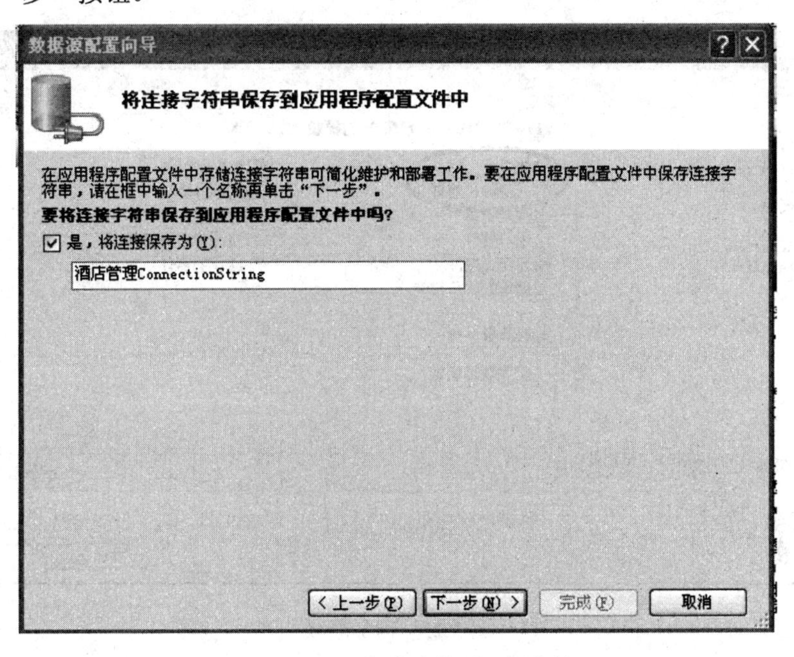

图 5-23　是否保存连接到配置文件

(7) 在列出的数据库对象中选择“房间类型表”的“房间类型”字段和“证件类型表”的“证件类型”字段，完成数据源的添加，如图 5-24 所示。

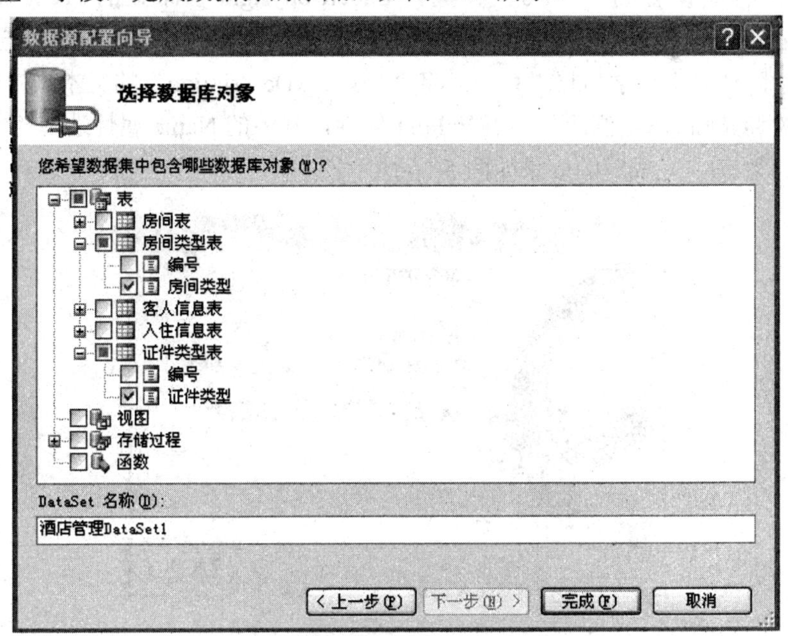

图 5-24　选择数据库对象

(8) 创建第一个表单。创建好项目后进入开发环境，在右侧的解决方案资源管理器中，选中“酒店管理系统”，单击右键后在出现的快捷菜单中选择“添加”→“新建项”，将弹出“添加新项——酒店管理”对话框。“类别”选择“Windows Forms”，模板选择“‘关于’框”，名称设置为“欢迎.vb”，如图 5-25 所示。

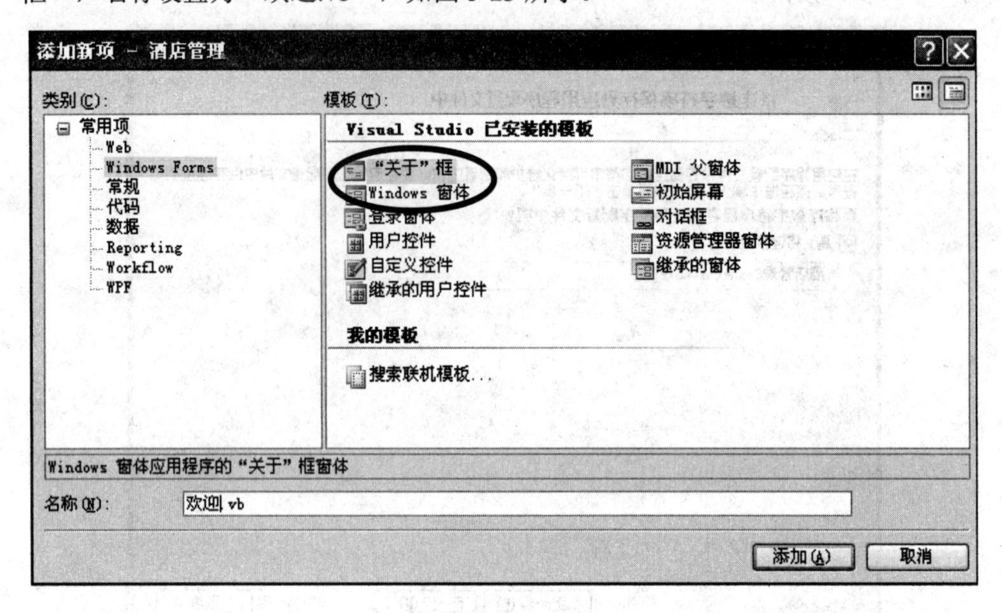

图 5-25　添加新项

(9) 点击“添加”按钮，VS 2008 会自动创建一个“关于”的窗体。将窗体上 Name 属性为“LabelProductName”的标签的 Text 属性设置为“小型酒店管理系统”；将“LabelVersion”标签的 Text 属性设置为“V1.0”；将“LabelCopyright”标签的 Text 属性设置为“Copyright@www.szitu.cn”；将“LabelCompanyName”标签的 Text 属性设置为“苏州信息职业技术学院计算机科学与技术系”；将“TextBoxDescription”的文本框控件的 Text 属性设置为“欢迎光临 XXX 酒店”。展开 Font 属性，其中的 Name 属性选择“华文隶书”，Size 属性设置为 20。完成后的效果如图 5-26 所示。

图 5-26　完成效果

(10) 双击窗体空白处，进入命令窗口，删除“欢迎_Load”事件下的所有命令。关闭命令窗口，保存并运行欢迎窗体。

任务 5-4　创建主界面窗体

任务分析

主界面是进入系统后的第二个界面，在这个界面上，可以看到本系统的所有菜单，选择某一菜单即可进入具体的功能。

步骤

(1) 新建窗体。新建一个窗体，类型选择“Windows Forms”，模板选择“Windows 窗体”，如图 5-27 所示。名称设置为“首页.vb”，点击“添加(A)”按钮。

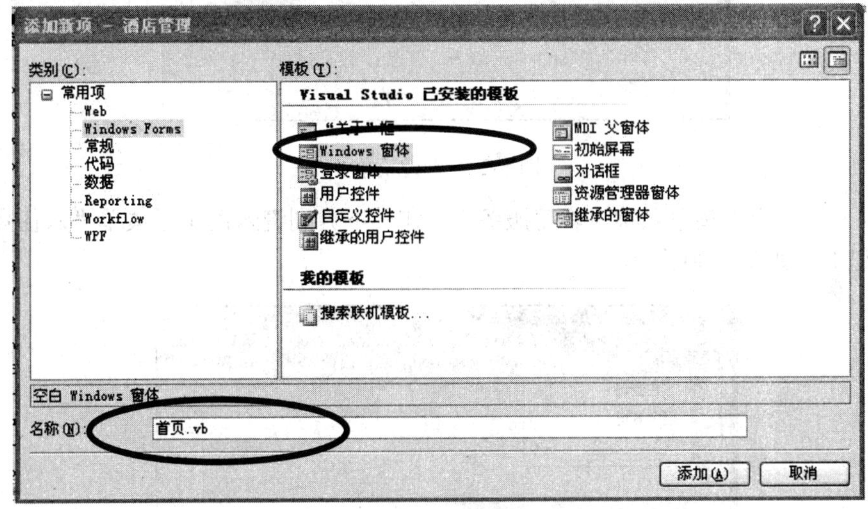

图 5-27　添加新项

(2) 进入首页窗体的设计视图后，在上侧解决方案资源管理器中，选中“酒店管理”项目，单击右键，选择“属性”。在弹出的属性对话页中，“启动窗体”一项选择“首页”，如图 5-28 所示。保存后关闭属性页。

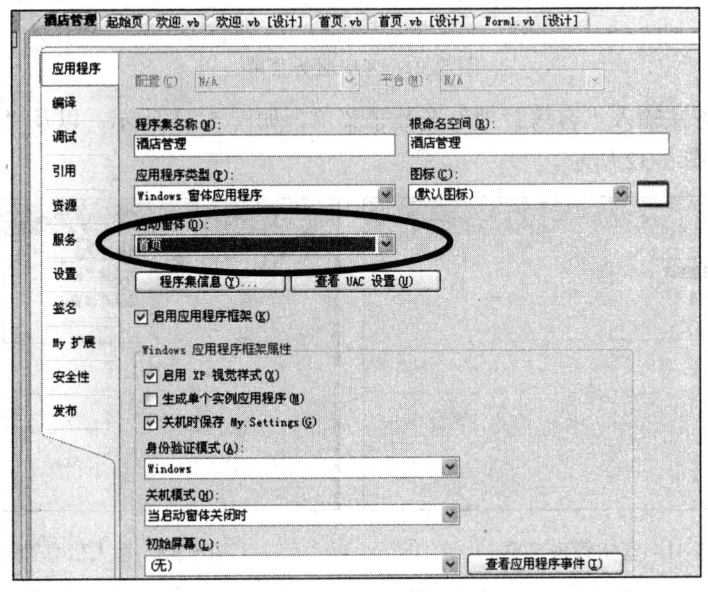

图 5-28　属性页

(3) 创建菜单。在 VS 2008 主界面左侧工具箱中展开“菜单和工具栏”，拖曳 MenuStrip 至首页窗体上，如图 5-29 所示。

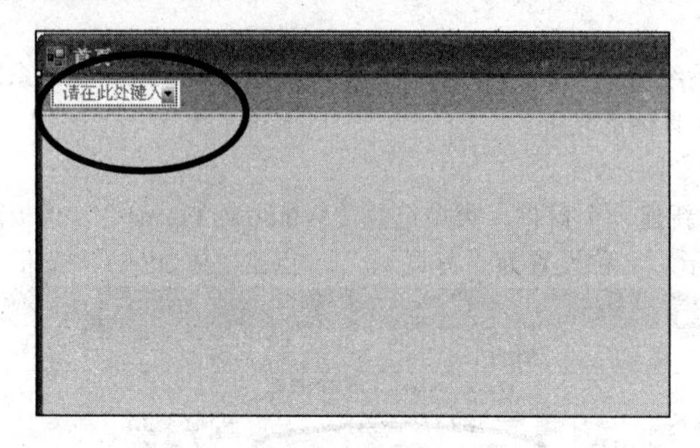

图 5-29 创建菜单

(4) 键入第一个主菜单名称“客房服务”，在其下分别键入两个子菜单“入住登记”和“退房登记”，如图 5-30 所示。

图 5-30 客房服务菜单

(5) 按同样方法输入“客房管理”及其子菜单，如图 5-31 所示，以及“客人信息管理”及其子菜单，如图 5-32 所示。

图 5-31 客房管理菜单

图 5-32 客人信息管理菜单

(6) 键入“退出”菜单，如图 5-33 所示。

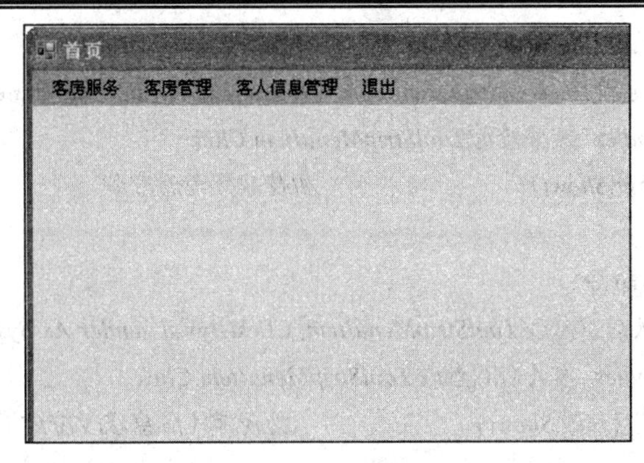

图 5-33　退出菜单

(7) 双击页面空白处，进入命令页。在首页_Load 事件中添加如下命令：

```
Private Sub 首页_Load(ByVal sender As System.Object， ByVal e As System.EventArgs) Handles MyBase.Load
        欢迎.ShowDialog()        '加载入住登记窗体
    End Sub
```

(8) 回到首页的设计页，双击“入住登记”菜单，进入入住登记菜单的命令框架，添加以下命令中所圈出的一行命令，其功能为单击“入住登记”菜单，打开入住登记的窗体界面：

```
Private Sub 入住登记 ToolStripMenuItem_Click(ByVal sender As System.Object， ByVal e As System.EventArgs) Handles 入住登记 ToolStripMenuItem.Click
        入住登记.Show()        '加载入住登记窗体
    End Sub
```

说明：

① Private Sub...End 为 VB.net 自动生成的事件框架，只需在相应的事件框架中编写具体的命令即可。

② 程序设计中一定要养成编写命令时注释的好习惯，这样才能帮助我们理清命令结构，方便将来的检查、更改等操作。VB.net 的注释符号为单引号，如'加载入住登记窗体'。

(9) 为其他菜单添加命令，打开相应的功能窗体，方法同步骤(8)。命令分别如下。

退房登记菜单命令：

```
Private Sub 退房登记 ToolStripMenuItem_Click(ByVal sender As System.Object， ByVal e As System.EventArgs) Handles 退房登记 ToolStripMenuItem.Click
        退房登记.Show()        '加载退房登记窗体
    End Sub
```

客房信息修改菜单命令：

```
Private Sub 客房信息修改 ToolStripMenuItem_Click(ByVal sender As System.Object， ByVal e As System.EventArgs) Handles 客房信息修改 ToolStripMenuItem.Click
        客房信息修改.Show()        '加载客房信息修改窗体
    End Sub
```

客房查询菜单命令：

```
    Private Sub 客房查询ToolStripMenuItem_Click(ByVal sender As System.Object， ByVal e As
System.EventArgs) Handles 客房查询ToolStripMenuItem.Click
            客房查询.Show()                    '加载客房查询窗体
    End Sub
```

客人信息修改菜单命令：

```
    Private Sub 客人信息修改ToolStripMenuItem_Click(ByVal sender As System.Object， ByVal e As
System.EventArgs) Handles 客人信息修改ToolStripMenuItem.Click
            客人信息修改.Show()                '加载客人信息修改窗体
    End Sub
```

客人信息查询菜单命令：

```
    Private Sub 客人信息查询ToolStripMenuItem_Click(ByVal sender As System.Object， ByVal e As
System.EventArgs) Handles 客人信息查询ToolStripMenuItem.Click
            客人信息查询.Show()                '加载客人信息查询窗体
    End Sub
```

退出菜单命令：

```
    Private Sub 退出ToolStripMenuItem_Click(ByVal sender As System.Object， ByVal e As
System.EventArgs) Handles 退出ToolStripMenuItem.Click
            End                     '结束应用程序
    End Sub
```

任务 5-5　创建入住登记窗体

任务分析

入住登记窗体具有完成填写客人信息、选择房间入住的功能。客人如曾经入住过该酒店，则可以通过姓名查找到信息，否则需填写性别、身份证等信息。选择房间类型后，相应类型的房间出现在房间号列表中供客人选择，并显示房间的价格。确定后，将入住信息添加到数据库中。

步骤

(1) 新建一个窗体，命名为“入住登记”，窗体界面布局如图 5-34 所示。窗体中各控件的说明见表 5-1。

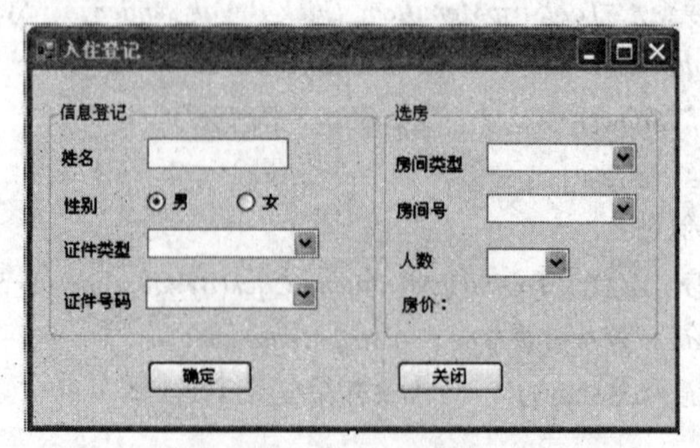

图 5-34　入住登记窗体

表 5-1　控件说明

控件名称	控件类型	属性设置
GroupBox1	GroupBox	Text：信息登记
GroupBox2	GroupBox	Text：选房
lblName	Label	Text：姓名
lblSex	Label	Text：性别
lblType	Label	Text：证件类型
lblNumber	Label	Text：证件号码
lblRoomType	Label	Text：房间类型
lblRoom	Label	Text：房间号
lblCount	Label	Text：人数
lblPrice	Label	Text：房价
txtName	TextBox	
rbMale	RadioButton	Checked：True
rbFemale	RadioButton	
cbType	ComboBox	
cbNumber	ComboBox	
cbRoomType	ComboBox	
cbRoom	ComboBox	
cbCount	ComboBox	
btnOK	Button	Text：确定
btnCancel	Button	Text：关闭

(2) 给 cbType(证件类型组合框)、cbRoomType(房间类型组合框)绑定数据源。

在工具箱中展开“数据”栏，拖曳一个 BindSource 控件至窗体上。查看属性面板，BindingSource1 的 DataSource 属性选择“其他数据源”→“项目数据源”→“酒店管理 DataSet”。DataMember 属性选择“证件类型表”，如图 5-35 所示。

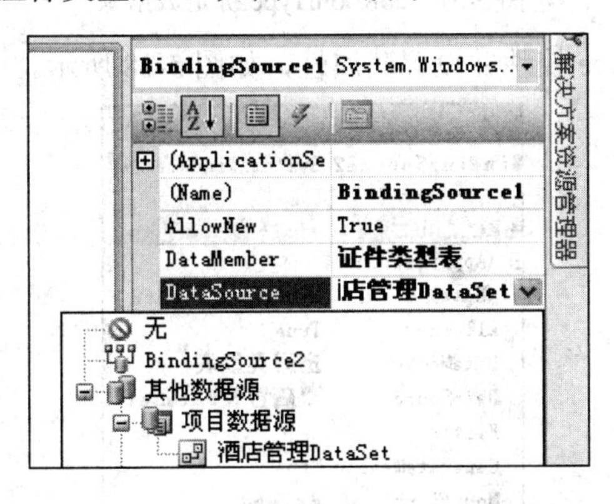

图 5-35　BindingSource1 绑定数据源

(3) 在窗体上，选中“cbType”，单击右上方的按钮，展开菜单，“数据源”选择

"BindingSource1"，"显示成员"选择"证件类型"，"值成员"选择"证件类型"，如图 5-36 所示。

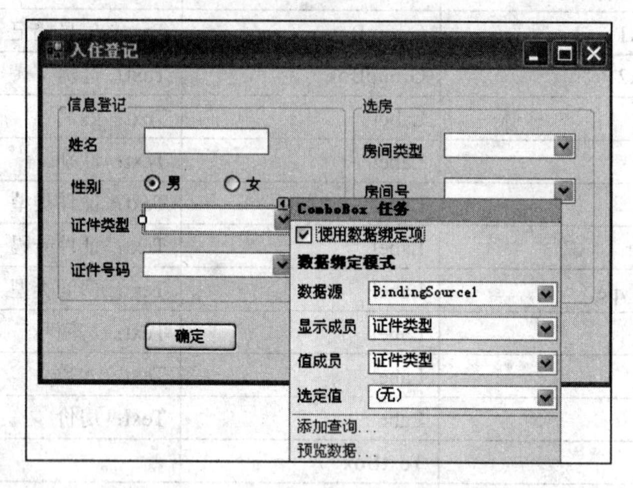

图 5-36　cbType 组合框绑定数据源

(4) cbRoomType 房间类型组合框的数据绑定方法同上，参照图 5-37 进行操作。

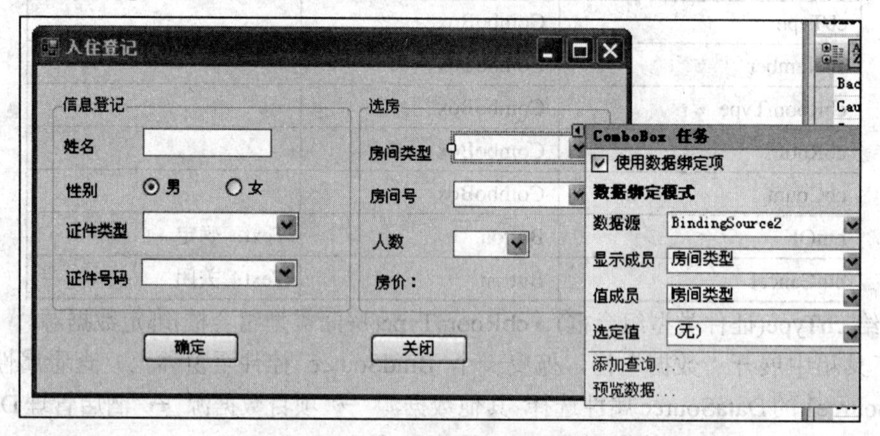

图 5-37　cbRoomType 绑定数据源

(5) 添加 BindingSource 控件并设置其属性，如图 5-38 所示。

图 5-38　BindingSource2 绑定数据源

(6) 添加引用。在窗体空白处双击，进入命令页，在命令最上方添加对 SQL 名称控件的引用：

```
Imports System.Data.SqlClient
Public  Class  入住登记
```

(7) 定义公共变量。主要包括大部分事件都需要使用到的数据库连接对象、数据适配器和数据集。

```
Public Class 入住登记
    '定义数据库连接
    Dim conn As New SqlConnection("Data Source=127.0.0.1; Initial Catalog=酒店管理; user id=sa; password=123; ")
    '定义数据适配器
    Dim da As SqlDataAdapter = New SqlDataAdapter()
    '定义数据集
    Dim ds As DataSet = New DataSet()
```

(8) 添加按姓名查找客人信息的命令。考虑到可能有同名的客人存在，在输入姓名后，先将查找的证件号码添加到证件号码组合框中(可能有多个)，如在其中有当前客人的信息，则可以选择该证件号码，同时，自动更正性别和证件类型。

命令主要分两部分。第一部分写在 txtName(姓名文本框)的 Leave 事件中。在入住登记窗体的设计页选中“txtName”，在属性窗口中单击⚡按钮查看 txtName 的所有事件。双击“Leave”事件，进入 txtName_Leave 事件的命令框架，添加如下命令：

```
Private Sub txtName_Leave(ByVal sender As System.Object, ByVal e As System.EventArgs) Handles txtName.Leave
    '设置查询命令属性
    da.SelectCommand = New SqlCommand
    da.SelectCommand.Connection = conn
    da.SelectCommand.CommandText = "select 证件号码 from 客人信息表 where 姓名='" + Trim(txtName.Text) + "'"
    '打开数据库连接
    conn.Open()
    '填充 DataSet 对象
    da.Fill(ds, 0)
    '清空证件号码组合框下的列表项
    cbNumber.Items.Clear()
    Dim i As Integer = 0
    '将查询到的证件号码添加到组合框的列表中
    Do While i < ds.Tables(0).Rows.Count
        cbNumber.Items.Add(ds.Tables(0).Rows(i).Item("证件号码"))
        i = i + 1
```

```
        Loop
    '清空数据集
        ds.Clear()
        '关闭数据库连接
        conn.Close()
    End Sub
```

第二部分命令写在证件号码组合框的 SelectedIndexChanged 事件中，在 cbNumber 控件的属性中找到 SelectedIndexChanged 事件，双击进入命令框架，编写如下命令：

```
    Private Sub cbNumber_SelectedIndexChanged(ByVal sender As System.Object，ByVal e As System.EventArgs) Handles cbNumber.SelectedIndexChanged
    '设置查询命令属性
        da.SelectCommand = New SqlCommand
        da.SelectCommand.Connection = conn
        da.SelectCommand.CommandText = "select 性别，证件类型 from 客人信息表 where 证件号码='" + cbNumber.SelectedItem.ToString + "'"
        '打开数据库连接
        conn.Open()
        '填充 DataSet 对象
        da.Fill(ds， 0)
    '修正性别和证件类型
        If ds.Tables(0).Rows.Count > 0 Then
            If ds.Tables(0).Rows(0).Item("性别") = "男" Then
                rbMale.Checked = True
                rbFemale.Checked = False
            Else
                rbMale.Checked = False
                rbFemale.Checked = True
            End If
            cbType.SelectedItem = ds.Tables(0).Rows(0).Item("证件类型").ToString
        End If
    '清空数据集
        ds.Clear()
    '关闭数据库连接
        conn.Close()
    End Sub
```

(9) 添加房间类型和房间号级联的命令。当选择了某一种房间类型后，房间号组合框中仅出现该类型的所有空闲房间。在 cbRoomType(房间类型组合框)的 SelectedIndexChanged 事件下编写如下命令：

```
Private Sub cbRoomType_SelectedIndexChanged(ByVal sender As System.Object， ByVal e As System.EventArgs) Handles cbRoomType.SelectedIndexChanged
        '设置查询命令属性
        da.SelectCommand = New SqlCommand
        da.SelectCommand.Connection = conn
        da.SelectCommand.CommandText="select 房号 from 房间表 where 类型='" +cbRoomType.Text+ "' and 状态='空闲' "
        '打开数据库连接
        conn.Open()

        '填充 DataSet 对象
        da.Fill(ds， 0)
        '清空房间号组合框下的列表项
        cbRoom.Items.Clear()
        '将查询到的房间号添加到 cbRoom 的列表下
        Dim i As Integer = 0
        Do While i < ds.Tables(0).Rows.Count
            cbRoom.Items.Add(ds.Tables(0).Rows(i).Item("房号"))
            i = i + 1
        Loop
        '清空数据集
        ds.Clear()
        conn.Close()
    End Sub
```

(10) 添加级联显示可选人数和房价的命令。当选择了房间后，会在 lblPrice(房价标签)中显示此房间的价格。如果选择的是单人房，那么人数只能为 1；其他房型，人数可为 1 或 2。

```
Private Sub cbRoom_SelectedIndexChanged(ByVal sender As System.Object， ByVal e As System.EventArgs) Handles cbRoom.SelectedIndexChanged
        lblPrice.Text = "房价："
        '设置查询命令属性
        da.SelectCommand = New SqlCommand
        da.SelectCommand.Connection = conn
        da.SelectCommand.CommandText = "select 房价，类型 from 房间表 where 房号='" + cbRoom.Text + "'"
        '打开数据库连接
        conn.Open()
        '填充 DataSet 对象
        da.Fill(ds， 0)
        '定义变量 price 取选中房间的房价，定义变量 type 取选中房间的类型
```

```
        Dim price As String = ds.Tables(0).Rows(0).Item("房价").ToString
        Dim type As String = ds.Tables(0).Rows(0).Item("类型").ToString
        '清空人数组合框中的列表项
        cbCount.Items.Clear()
        '根据房间类型给人数组合框添加列表项
        If type = "单人房" Then
            cbCount.Items.Add("1")
        Else
            cbCount.Items.Add("1")
            cbCount.Items.Add("2")
        End If
        '显示房价
        lblPrice.Text += price
        '清空数据集
        ds.Clear()
        '关闭数据库连接
        conn.Close()
    End Sub
```

(11) 添加“确定”按钮命令。“确定”按钮的功能为向数据库添加入住信息。因为已在数据库中创建了名为“入住登记”的存储过程，因此在这里，只要调用该存储过程即可实现该功能。双击“确定”按钮，进入 btnOK_Click 事件框架，编写命令如下：

```
    Private Sub btnOK_Click(ByVal sender As System.Object， ByVal e As System.EventArgs) Handles
btnOK.Click
        '定义变量读取入住登记信息(姓名，性别，证件类型，证件号码，房号，人数，入住日期)
        Dim name As String = txtName.Text
        Dim sex As String
        Dim type As String = cbType.Text
        Dim number As String = cbNumber.Text
        Dim room As String = cbRoom.Text
        Dim count As Integer = Val(cbCount.Text)
        Dim in_date As Date = Now.Date
        '判断性别
        If rbMale.Checked = True Then
            sex = "男"
        Else
            sex = "女"
        End If
        '设置查询命令属性
        da.SelectCommand = New SqlCommand
```

```
        da.SelectCommand.Connection = conn
        '指定命令类型为存储过程
        da.SelectCommand.CommandType = CommandType.StoredProcedure
        '指定存储过程名为"入住登记"
        da.SelectCommand.CommandText = "入住登记"
        '指定存储过程参数值
        da.SelectCommand.Parameters.Add("@姓名", SqlDbType.VarChar, 8).Value = name
        da.SelectCommand.Parameters.Add("@性别", SqlDbType.VarChar, 4).Value = sex
        da.SelectCommand.Parameters.Add("@证件类型", SqlDbType.VarChar, 20).Value = type
        da.SelectCommand.Parameters.Add("@证件号码", SqlDbType.VarChar, 20).Value = number
        da.SelectCommand.Parameters.Add("@房号", SqlDbType.VarChar, 16).Value = room
        da.SelectCommand.Parameters.Add("@人数", SqlDbType.Int).Value = count
        da.SelectCommand.Parameters.Add("@入住日期", SqlDbType.DateTime).Value = in_date
        '填充数据集
        Try
            da.Fill(ds)
            MsgBox("入住登记完成，您的房间号为" + room)
        Catch ex As Exception
            MsgBox(ex)
        End Try
        '清空数据集
        ds.Clear()
        '清空各输入项
        txtName.Text = ""
        cbNumber.Items.Clear()
        cbNumber.Text = ""
        cbRoom.Items.Clear()
        cbRoom.Text = ""
        cbCount.Items.Clear()
        cbCount.Text = ""
End Sub
```

(12) 添加“关闭”按钮事件命令：

```
    Private Sub btnCancel_Click(ByVal sender As System.Object, ByVal e As System.EventArgs) Handles
btnCancel.Click
            Me.Close()
      End Sub
```

(13) 将启动窗体设置为“入住登记”，运行，测试入住登记的功能。这时需输入姓名，选择性别、证件类型，输入证件号码，选择房间类型、房间号、人数，房价将会自动显示，如图 5-39 所示。

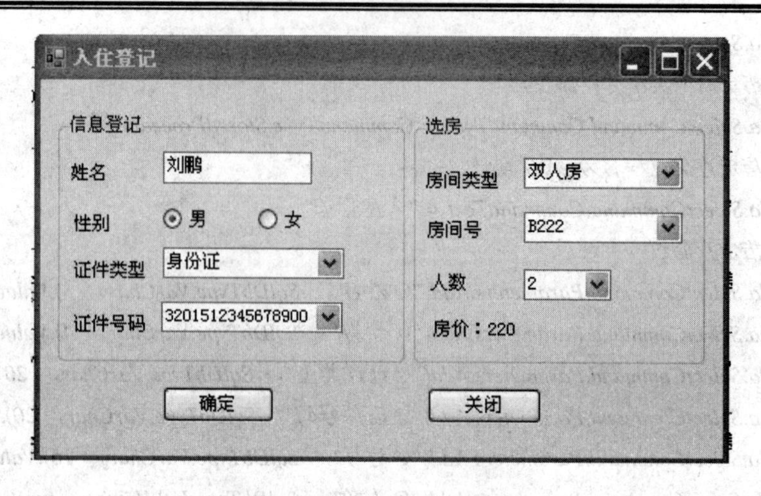

图 5-39　入住登记窗体运行

(14) 点击“确定”按钮，提示入住登记完成，并提示房间号，如图 5-40 所示。

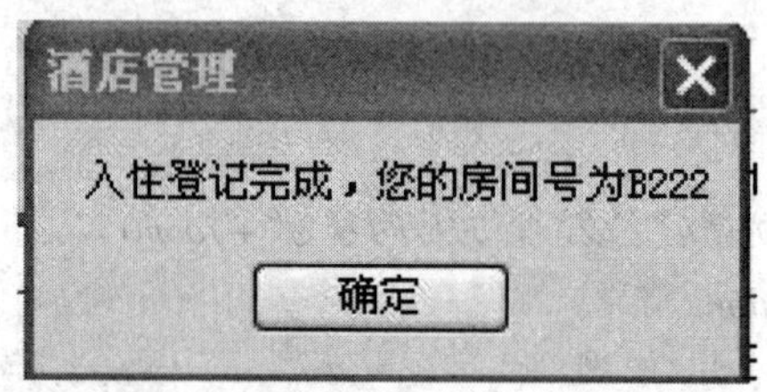

图 5-40　提示信息

(15) 点击“确定”按钮，会自动清空输入项，方便填写下一个入住信息。此时若输入一个入住过的客人姓名，则会在证件号码列表中出现该客人的身份证号码，方便用户输入，如图 5-41 所示。

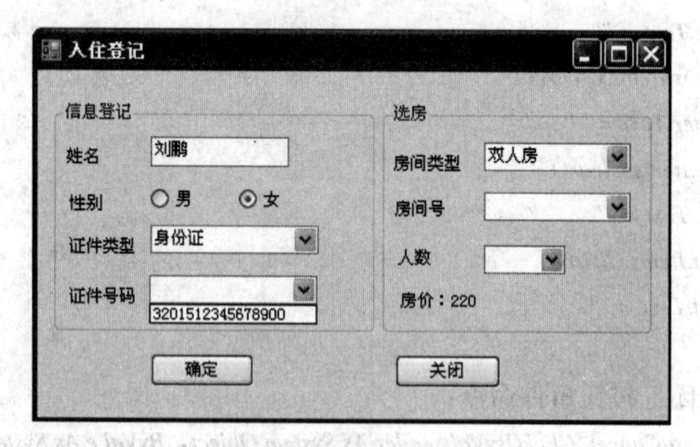

图 5-41　老用户登记

任务 5-6　创建退房登记窗体

任务分析

退房登记窗体主要完成退房功能。选择要退房的房间号，可显示当前房间的类型、已住的天数和房费。点击“确定”按钮退房后，修改入住信息表，补充该房间的退房日期和房费信息，并修改房间表中该房间的状态为“空闲”。

步骤

(1) 新建一个窗体，命名为“退房登记”。窗体界面布局如图 5-42 所示。窗体中各控件的说明见表 5-2。

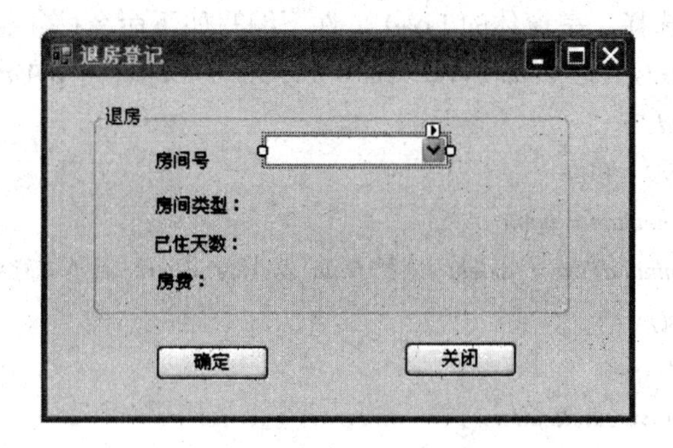

图 5-42　退房登记窗体

表 5-2　控件说明

控件名称	控件类型	属性设置
GroupBox1	GroupBox	Text：退房
lblRoom	Label	Text：房间号
lblRoomType	Label	Text：房间类型
lblDay	Label	Text：已住天数
lblPrice	Label	Text：房费：
cbRoom	ComboBox	
btnOK	Button	Text：确定
btnCancel	Button	Text：关闭

(2) 添加引用。

```
Imports System.Data.SqlClient
Public Class 退房登记
```

(3) 定义公共变量。

```
Public Class 退房登记
    '定义数据库连接
  Dim conn As New SqlConnection("Data Source=127.0.0.1； Initial Catalog=酒店管理； user id=sa； password=123；")
    '定义数据适配器
    Dim comm As SqlCommand = New SqlCommand
    '定义数据集
Dim dr As SqlDataReader
'定义入住日期变量
```

```
Dim in_date As Date
'定义房价变量
Dim price As Double
```

(4) 编写窗体加载时绑定数据到 cbRoom(房间号组合框)的命令。cbRoom 中需要绑定所有营业中的房间号供选择，在窗体的 Load 事件下编写如下命令：

```
Private Sub 退房登记_Load(ByVal sender As System.Object， ByVal e As System.EventArgs)
Handles MyBase.Load
    '设置查询命令属性
    comm.Connection = conn
    comm.CommandText = "select 房号 from 房间表 where 状态='营业中'"
    conn.Open()
    '执行查询
    dr = comm.ExecuteReader
    Dim i As Integer = 0
    '循环读取查询结果并赋值给 cbRoom(房间号组合框)
    While dr.Read
        cbRoom.Items.Add(dr(i))
    End While
    '关闭数据读取
    dr.Close()
    '关闭数据库连接
    conn.Close()
End Sub
```

(5) 编写根据房号显示入住信息的命令。选择房号后，根据房号查询当前房间的类型、入住天数、房价。

```
Private Sub cbRoom_SelectedIndexChanged(ByVal sender As System.Object， ByVal e As
System.EventArgs) Handles cbRoom.SelectedIndexChanged
        '设置提示标签的文本
        lblRoomType.Text = "房间类型："
        lblDay.Text = "入住天数："
        lblPrice.Text = "房价："
        '设置查询命令属性
        comm.Connection = conn
        comm.CommandText = "select 类型，入住日期，房价 " & _
                            "from 房间表，入住信息表 " & _
                            "where 房间表.房号=入住信息表.房号 and 房间表.房号=" +
cbRoom.Text + "'"
        '打开数据库连接
        conn.Open()
```

```
'执行查询
dr = comm.ExecuteReader
'读取查询结果
If dr.Read Then
    in_date = dr(1).ToString '入住日期
    price = dr(2).ToString
    lblRoomType.Text += dr(0).ToString '房间类型
    lblDay.Text += Str(DateDiff("d", in_date, Now.Date)) '入住天数=当天日期-入住日期
    lblPrice.Text += price.ToString + "元/天*" + Str(DateDiff("d", in_date, Now.Date)) '房费=房价*天数
End If
dr.Close()
conn.Close()
End Sub
```

(6) 添加“确定”按钮命令。点击“确定”按钮即完成退房，之后需要修改入住信息表，补充退房日期和房费。命令如下：

```
Private Sub btnOK_Click(ByVal sender As System.Object, ByVal e As System.EventArgs) Handles btnOK.Click
    price = price * DateDiff("d", in_date, Now.Date)
    '设置查询命令属性
    comm.Connection = conn
    comm.CommandText = "update 入住信息表 set 退房日期='" + Now.Date & _
                       "', 房费=" + price.ToString & _
                       " where 房号='"+ cbRoom.Text +"'"
    '打开数据库连接
    conn.Open()
    '执行查询
    Try
        comm.ExecuteNonQuery()
        MsgBox("已退房，请交费" + price.ToString + "元")
    Catch ex As Exception
        MsgBox(ex)
    End Try
End Sub
```

(7) 添加“关闭”按钮命令：

```
Private Sub btnCancel_Click(ByVal sender As System.Object, ByVal e As System.EventArgs) Handles btnCancel.Click
    Me.Close()
```

```
End Sub
```

(8) 将项目的启动窗体设置为“退房登记”并运行，测试退房登记的功能。房间号列表下为所有营业中的房间号，如图 5-43 所示。

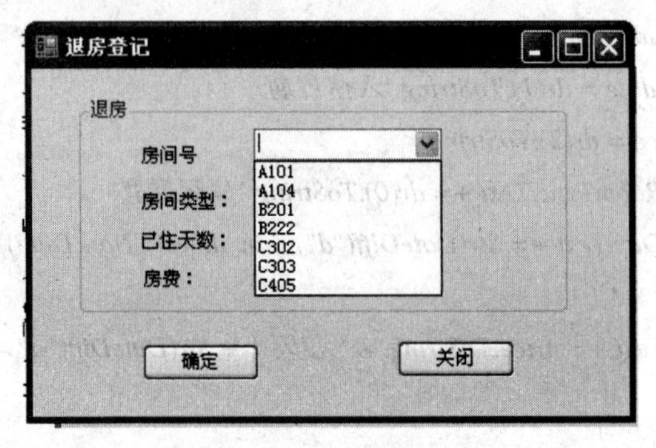

图 5-43　选择房间

(9) 选择要退房的房间号后，在下方显示房间的入住信息，如图 5-44 所示。

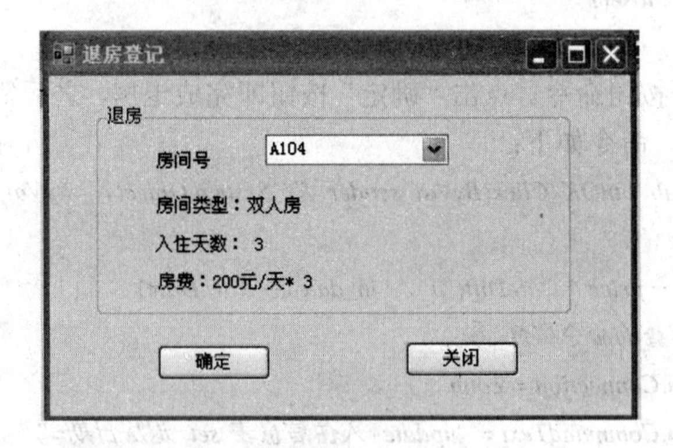

图 5-44　显示入住信息

(10) 点击“确定”按钮退房后，提示退房成功，并提示所要支付的费用，如图 5-45 所示。

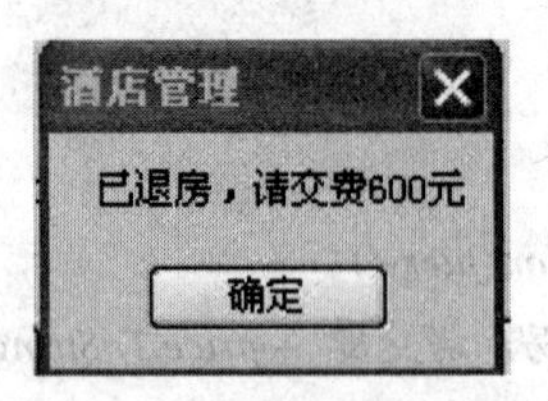

图 5-45　退房提示信息

至此退房完成。

任务 5-7　创建客房信息修改窗体

任务分析

客房信息修改窗体的功能包括新增客房、修改已有客房和删除已有客房，但状态为“营业中”的客房信息不能被修改和删除。

步骤

(1) 新建一个窗体，命名为“客房信息修改”。窗体界面布局如图 5-46 所示，窗体中各控件的说明见表 5-3。

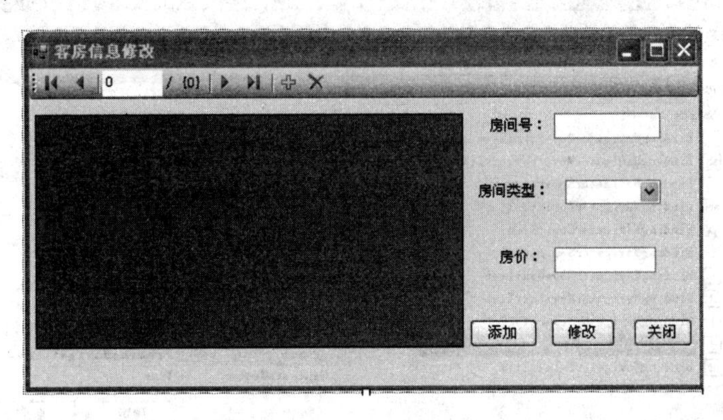

图 5-46　客房信息修改窗体

表 5-3　控件说明

控件名称	控件类型	属性设置
bsRoom	BindingSource	
dgvRoom	DataGridView	
nvRoom	BindingNavigator	
lblRoom	Label	Text：房间号
lblRoomType	Label	Text：房间类型
lblPrice	Label	Text：房价
txtRoom	TextBox	Enabled：False
cbRoomType	ComboBox	
txtPrice	TextBox	
btnAdd	Button	Text：添加
btnUpdate	Button	Text：修改
btnCancel	Button	Text：关闭

(2) 删除导航的添加功能。导航本身具备添加、删除的功能。添加功能通过编写命令来实现，因此需要把导航上的“添加”按钮删除。

点击导航右上方的“任务”按钮，展开任务菜单，单击“编辑项”，如图 5-47 所示。

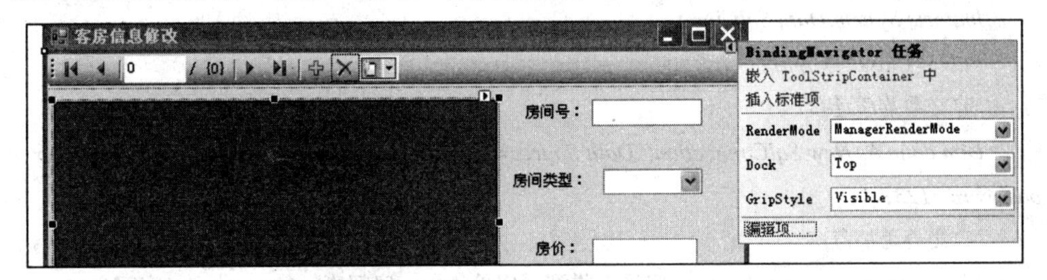

图 5-47　BindingNavigator 任务

在弹出的“项集合编辑器”中选中 BindingNavigatorAddNewItem，单击“删除”按钮 ☒，即可将其删除，如图 5-48 所示。

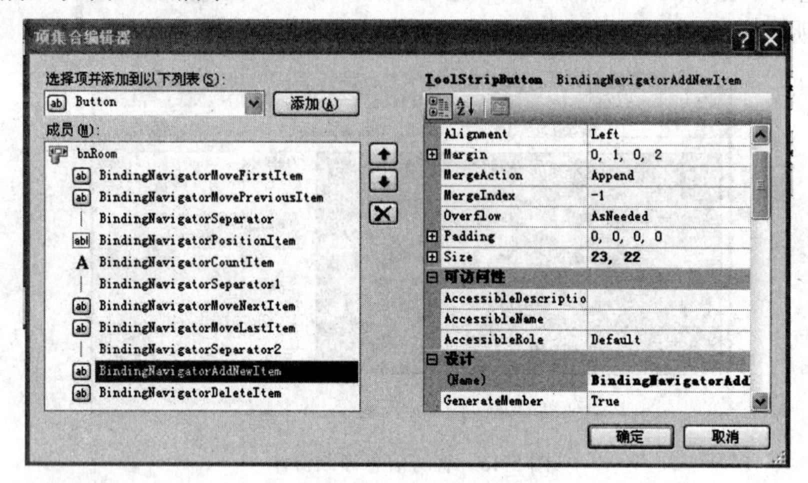

图 5-48　项集合编辑器

(3) 为 cbRoomType(房间类型组合框)添加数据绑定。添加一个 BindingSource 控件，其“数据源”属性选择“BindingSource1”，“显示成员”属性选择“房间类型”，如图 5-49 所示。

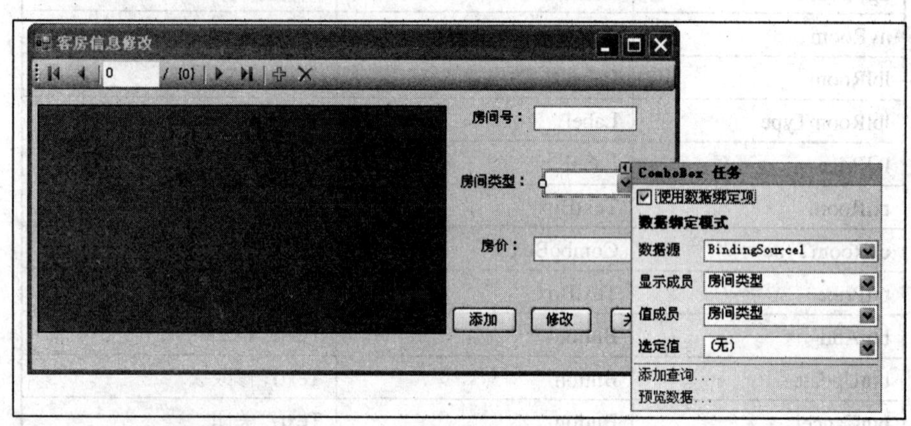

图 5-49　cbRoomType 绑定数据源

(4) 在命令中引用名称控件和定义公共变量。在窗体空白处双击进入命令框架，编写如下命令：

```
Imports System.Data.SqlClient
Public Class 客房信息修改
'定义数据库连接
Dim conn As New SqlConnection("Data Source=127.0.0.1; Initial Catalog=酒店管理; user id=sa;
password=123; ")
'定义查询字符串
Dim sqlstr As String = "select 房号, 类型, 房价 from 房间表 where 状态='空闲'"
```

```
'定义数据适配器
Dim da As New SqlDataAdapter(sqlstr， conn)
'定义数据集
Dim ds As New DataSet
'使用sqlcommandBuilder 构造数据适配器
Dim build As SqlCommandBuilder = New SqlCommandBuilder(da)
```

(5) 编写窗体加载事件的命令。窗体加载时，绑定导航控件、数据表格控件和房间号文本框等控件，显示房间表中的记录。

```
Private Sub 客房信息修改_Load(ByVal sender As System.Object， ByVal e As System.EventArgs)
Handles MyBase.Load
        'TODO: 这行命令将数据加载到表"酒店管理 DataSet.房间类型表"中。可以根据需要移
动或移除它。
        Me.房间类型表 TableAdapter.Fill(Me.酒店管理 DataSet.房间类型表)
          '打开数据库连接
        conn.Open()
          '数据适配器 da 执行查询填充数据集 ds
        da.Fill(ds， "room")
          '定义 ds 的主键
        Dim keys(1) As DataColumn
        keys(0) = ds.Tables("room").Columns("房号")
        ds.Tables("room").PrimaryKey = keys
          '数据绑定 dgvRoom 和导航
        bsRoom.DataSource = ds
        bsRoom.DataMember = ds.Tables("room").TableName
        dgvRoom.DataSource = bsRoom
        bnRoom.BindingSource = bsRoom
          '数据绑定房间号等控件
        txtRoom.DataBindings.Add("Text"， bsRoom， "房号")
        cbRoomType.DataBindings.Add("Text"， bsRoom， "类型")
        txtPrice.DataBindings.Add("Text"， bsRoom， "房价")
          '设置导航控件中的删除按钮不可用
        bnRoom.Items("BindingNavigatorDeleteItem").Visible = False
          '给导航控件添加自定义的删除按钮
        bnRoom.Items.Add("删除"， Nothing， AddressOf abc)
End Sub
```

(6) 编写“自定义删除”按钮的过程命令：

```
'自定义删除按钮
Private Sub abc(ByVal sender As System.Object， ByVal e As System.EventArgs)
        If MessageBox.Show("是否要删除这条记录?"， ""， MessageBoxButtons.YesNo) =
```

```
Windows.Forms.DialogResult.Yes Then
                bnRoom.BindingSource.RemoveCurrent()
            End If
    End Sub
```

(7) 编写“添加”按钮的单击事件命令。单击“添加”按钮后，清空 txtRoom、cbRoomType、txtPrice 控件中的内容，按钮的显示文本变成“保存”。在 txtRoom、cbRoomType、txtPrice 中填入内容后，单击“保存”按钮，将完成添加一条新记录的功能。

```
    Private Sub btnAdd_Click(ByVal sender As System.Object， ByVal e As System.EventArgs) Handles
btnAdd.Click
            If btnAdd.Text = "添加" Then '判断是"添加"还是"保存"
           txtRoom.Enabled = True
                txtRoom.Text = ""
                cbRoomType.Text = ""
                txtPrice.Text = ""
                btnAdd.Text = "保存"
            ElseIf btnAdd.Text = "保存" Then
                '定义数据行存放要添加的数据
                Dim row As DataRow = ds.Tables("room").NewRow
                row("房号") = txtRoom.Text
                row("类型") = cbRoomType.Text
                row("房价") = txtPrice.Text
                ds.Tables("room").Rows.Add(row)
                '更新数据适配器，将数据插入到数据库
                Try
                    da.Update(ds，"room")
                    btnAdd.Text = "添加"
                    MsgBox("添加成功！")
                    da.Fill(ds，  " room")
                   txtRoom.Enabled = False
                Catch ex As Exception
                    MsgBox(ex)
                End Try
            End If
    End Sub
```

(8) 编写“修改”按钮单击事件命令。修改了某一条记录后，单击“修改”按钮，将把对该条数据的更新内容写入数据库，同时刷新数据表格，即可显示更新后的数据。

```
    Private Sub txtUpdate_Click(ByVal sender As System.Object， ByVal e As System.EventArgs) Handles
txtUpdate.Click
            '取当前数据的行号
```

```
        Dim I As Integer = dgvRoom.CurrentRow.Index
        '定义数据行指向当前记录
        Dim row As DataRow
        row = ds.Tables("room").Rows(i)
        '更新当前记录
        row.BeginEdit()
        row("类型") = cbRoomType.Text
        row("房价") = txtPrice.Text
        row.EndEdit()
        '更新数据适配器，将数据更新至数据库
        Try
            da.Update(ds，"room")
            MsgBox("修改成功！")
            dgvRoom.Refresh()
        Catch ex As Exception
            MsgBox(ex)
        End Try
    End Sub
```

(9) 添加“关闭”按钮的单击事件命令。在关闭窗体的同时，也要把在窗体加载事件中打开的数据库连接关闭。

```
    Private Sub btnCancel_Click(ByVal sender As System.Object，ByVal e As System.EventArgs) Handles
btnCancel.Click
        conn.Close()
        Me.Close()
    End Sub
```

(10) 将项目的启动窗体设置为“客房信息修改”并运行，测试客房信息修改的功能，如图 5-50 所示。数据表格中显示空闲的房间信息，通过导航可查看每一条记录，此时房号文本框、房间类型组合框、房价文本框也跟随导航显示每一条记录的信息，同时房间号作为房间表的主键是不可编辑状态，以防止误操作。

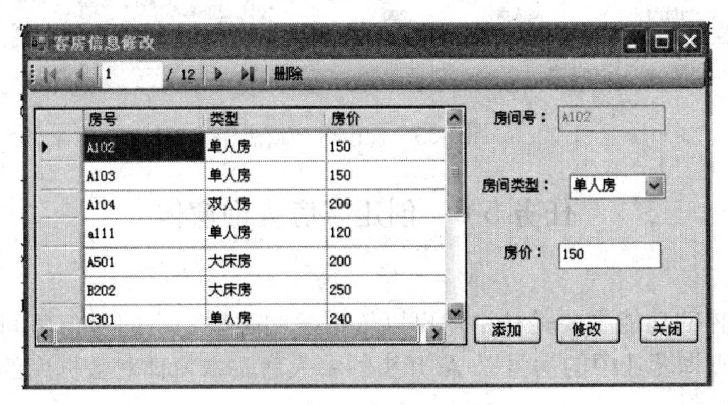

图 5-50　客房信息修改窗体运行

(11) 点击“添加”按钮，房间号文本框即可编辑，输入要添加的房间信息，点击“保存”按钮，提示新房间添加成功，如图 5-51 所示。而且可以在数据表格中查看到新添加的记录，如图 5-52 所示。

图 5-51　提示

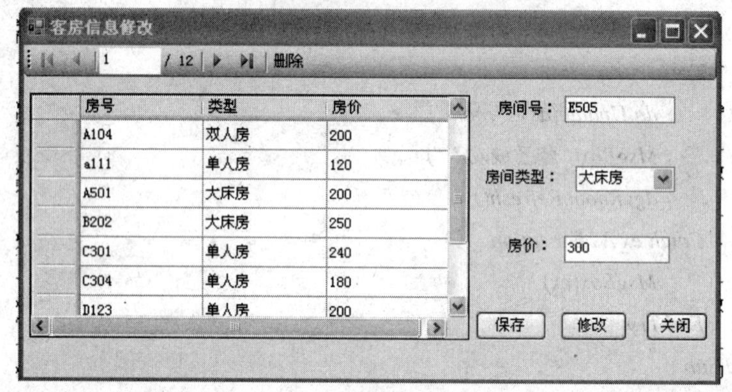

图 5-52　添加新记录

(12) 选中一条要修改的记录，更改其房间类型或房价后，点击“修改”按钮，提示修改成功，并可以在数据表格中显示更新后的数据，如图 5-53 所示。

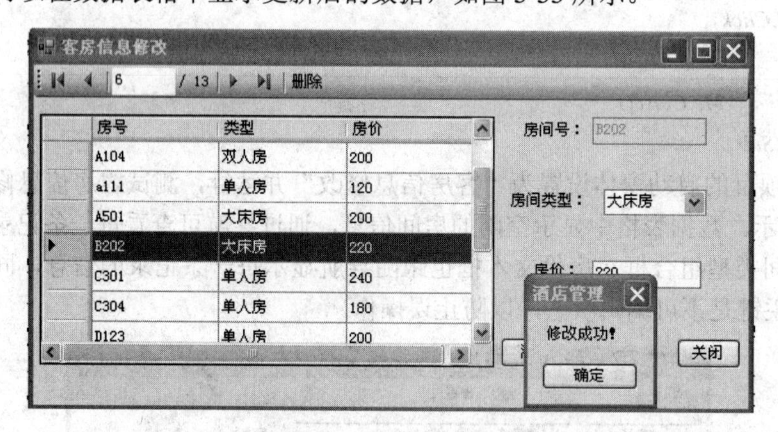

图 5-53　修改客房信息

任务 5-8　创建客房查询窗体

任务分析

客房查询窗体的功能主要是让用户可以依据房间类型、房间号、房间状态来查询房间的信息。例如：查询营业中的房号以 A 开头的单人房。本窗体对数据库的操作基本是查询操作。

步骤

(1) 新建一个窗体，命名为“客房查询”。窗体界面布局如图5-54所示，窗体中各控件的说明见表5-4。

(2) 给cbRoomType(房间类型组合框)绑定数据源，过程略(参考任务5-5步骤(2))。

(3) 给cbStatus(状态组合框)添加静态项。选中“cbStatus”，查看属性。点击items属性旁 按钮，在字符串集合编辑器中输入“空闲”、“营业中”两项。如图5-55所示。

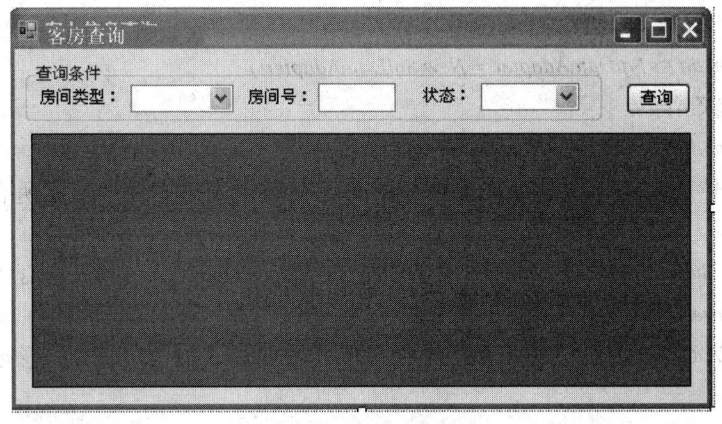

图5-54 客房查询窗体

表5-4 控件说明

控件名称	控件类型	属性设置
lblRoomType	Label	Text：房间类型
lblRoom	Label	Text：房间号
lblStatus	Label	Text：房价
cbRoomType	ComboBox	
txtRoom	TextBox	
cbStatus	ComboBox	
dgvRoom	DataGridView	
btnQuery	Button	Text：查询

图5-55 字符串集合编辑器

(4) 在命令中引用名称控件和定义公共变量。在窗体空白处双击进入命令窗口。

```
Imports System.Data.SqlClient
Public Class 客房查询
'定义数据库连接
Dim conn As New SqlConnection("Data Source=127.0.0.1；Initial Catalog=酒店管理；user id=sa；password=123；")
    '定义数据适配器
    Dim da As SqlDataAdapter = New SqlDataAdapter()
    '定义数据集
    Dim ds As DataSet = New DataSet()
```

(5) 添加窗体加载的事件命令。窗体加载时，在数据表格控件中显示所有的房间信息。命令如下：

```
Private Sub 客房查询_Load(ByVal sender As System.Object，ByVal e As System.EventArgs) Handles MyBase.Load
    'TODO: 这行命令将数据加载到表"酒店管理DataSet.房间类型表"中。您可以根据需要移动或删除它。
    Me.房间类型表TableAdapter.Fill(Me.酒店管理DataSet.房间类型表)
    '设置查询命令属性
    da.SelectCommand = New SqlCommand
    da.SelectCommand.Connection = conn
    da.SelectCommand.CommandText = "select * from 房间表 "
    '打开数据库连接
    conn.Open()
    '填充DataSet对象
    da.Fill(ds，"room")
    '绑定数据表格显示用户表信息
    dgvRoom.DataSource = ds
    dgvRoom.DataMember = ds.Tables("room").TableName
    conn.Close()
End Sub
```

(6) 添加“查询”按钮单击事件的命令。单击“查询”按钮，能够根据输入的房间号，选择的房间类型、状态来查询房间表，并将查询结果显示在数据表格中。

```
Private Sub btnQuery_Click(ByVal sender As System.Object，ByVal e As System.EventArgs) Handles btnQuery.Click
    '设置查询命令属性
    da.SelectCommand = New SqlCommand
    da.SelectCommand.Connection = conn
    '多条联合查询语句，where 条件匹配采用模糊查询的方法
    da.SelectCommand.CommandText = "select * from 房间表 where 类型 like '%" +
```

```
cbRommType.Text & _
                                        "%' and 房号 like '%" + txtRoom.Text & _
                                        "%' and 状态 like '%" + cbStatus.Text + "%'"
        Label1.Text = da.SelectCommand.CommandText
        conn.Open()
        '清空数据集
        ds.Clear()
        '填充数据集
        da.Fill(ds， "room")
        '重新绑定数据表格显示查询结果
        dgvRoom.DataSource = ds
        dgvRoom.DataMember = ds.Tables("room").TableName
        conn.Close()
    End Sub
```

(7) 将项目的启动窗体设为“客房查询”，运行窗体，测试查询功能。数据表格中显示所有的客房信息，如图 5-56 所示。

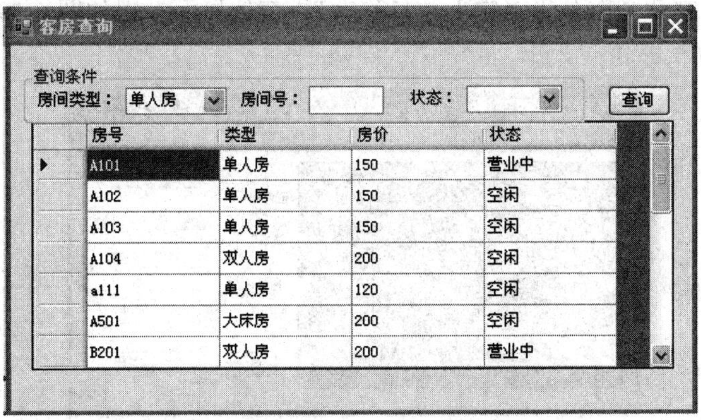

客房查询

查询条件
房间类型：单人房　房间号：　状态：　查询

房号	类型	房价	状态
A101	单人房	150	营业中
A102	单人房	150	空闲
A103	单人房	150	空闲
A104	双人房	200	空闲
a111	单人房	120	空闲
A501	大床房	200	空闲
B201	双人房	200	营业中

图 5-56　客房查询窗体运行

(8) 输入查询条件后，点击查询按钮，可查看到查询结果。查询条件可以只有一个，也可以多个条件联合查询，如图 5-57、图 5-58 所示。

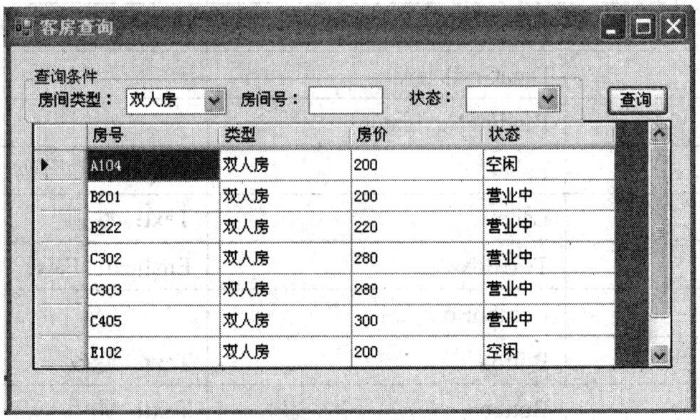

客房查询

查询条件
房间类型：双人房　房间号：　状态：　查询

房号	类型	房价	状态
A104	双人房	200	空闲
B201	双人房	200	营业中
B222	双人房	220	营业中
C302	双人房	280	营业中
C303	双人房	280	营业中
C405	双人房	300	营业中
E102	双人房	200	空闲

图 5-57　查询结果 1

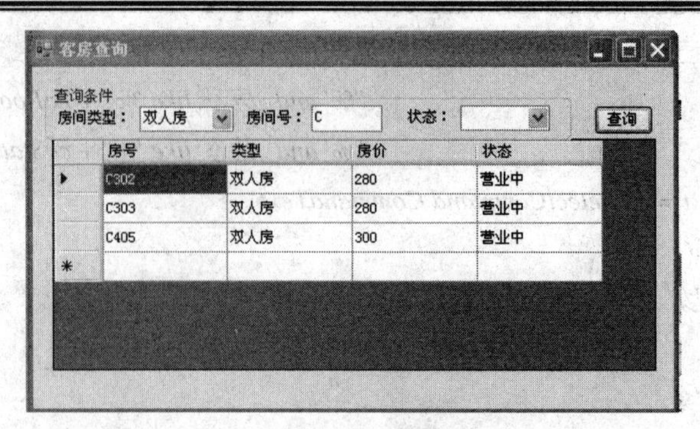

图 5-58　查询结果 2

任务 5-9　创建客人信息修改窗体

任务分析

客人信息修改窗体的功能主要是进行客人信息的修改。客人信息的添加会在首次入住的时候添加(入住登记窗体)，因此不包含在本任务中。由于客人信息和入住信息是相关的，因此不允许删除客人信息。

步骤

(1) 新建一个窗体，命名为“客人信息修改”，窗体界面布局如图 5-59 所示，窗体中各控件的说明见表 5-5。

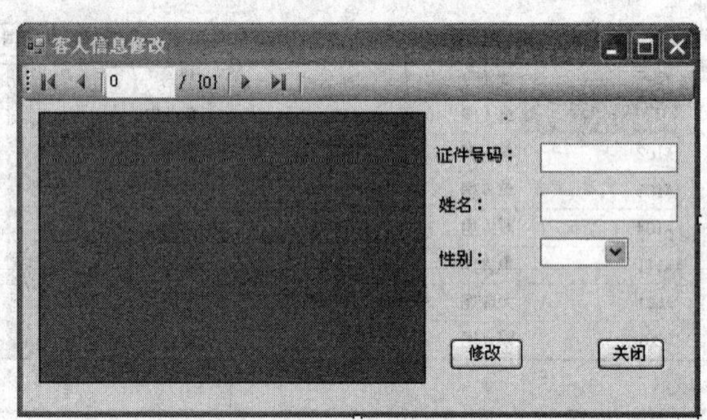

图 5-59　客人信息修改窗体

表 5-5　控件说明

控件名称	控件类型	属性设置
bsCustomer	BindingSource	
dgvCustomer	DataGridView	
nvCustomer	BindingNavigator	
lblNumber	Label	Text：证件号码
lblName	Label	Text：性别
txtNumber	TextBox	Enabled：False
cbSex	ComboBox	
btnUpdate	Button	Text：修改
btnCancel	Button	Text：关闭

(2) 给 cbSex(性别组合框)添加静态项。选中“cbSex”，查看属性。点击 items 属性旁按钮，在字符串集合编辑器中输入“男”、“女”两项，如图 5-60 所示。

图 5-60　字符串集合编辑器

(3) 删除导航中的和按钮。将“BindingNavigatorAdd NewItem”和“Binding NavigatorDeleteItem”两项都删除，如图 5-61 所示。

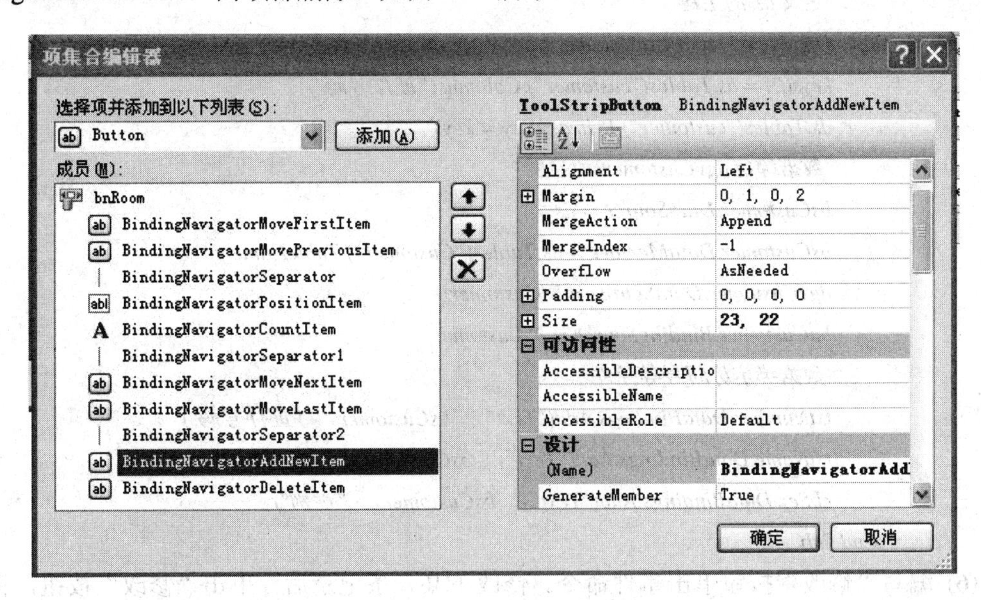

图 5-61　项集合编辑器

(4) 添加引用和公共变量。

```
Imports System.Data.SqlClient
Public Class 客人信息修改
    '定义数据库连接
    Dim conn As New SqlConnection("Data Source=127.0.0.1； Initial Catalog=酒店管理； user
id=sa； password=123；")
```

```
        '定义查询字符串
        Dim sqlstr As String = "select * from 客人信息表"
        '定义数据适配器
        Dim da As New SqlDataAdapter(sqlstr, conn)
        '定义数据集
        Dim ds As New DataSet
        '使用sqlcommandBuilder 构造数据适配器
        Dim build As SqlCommandBuilder = New SqlCommandBuilder(da)
```

(5) 添加窗体加载的事件命令。窗体加载时，绑定导航控件、数据表格控件和证件号码文本框等控件，显示客人信息表中的记录。

```
    Private Sub 客人信息修改_Load(ByVal sender As System.Object, ByVal e As System.EventArgs)
Handles MyBase.Load
            '打开数据库连接
            conn.Open()
            '数据适配器da 执行查询填充数据集ds
            da.Fill(ds, "customer")
            '定义ds 的主键
            Dim keys(1) As DataColumn
            keys(0) = ds.Tables("customer").Columns("证件号码")
            ds.Tables("customer").PrimaryKey = keys
            '数据绑定dgvCustomer 和导航
            bsCustomer.DataSource = ds
            bsCustomer.DataMember = ds.Tables("Customer").TableName
            dgvCustomer.DataSource = bsCustomer
            bnCustomer.BindingSource = bsCustomer
            '数据绑定房间号等控件
            txtNumber.DataBindings.Add("Text", bsCustomer, "证件号码")
            txtName.DataBindings.Add("Text", bsCustomer, "姓名")
            cbSex.DataBindings.Add("Text", bsCustomer, "性别")
        End Sub
```

(6) 编写“修改”按钮单击事件命令。修改了某一条记录后，单击“修改”按钮，将把对该条数据的更新写入数据库，同时刷新数据表格，显示更新后的数据。“证件号码”作为主键，不可修改。

```
    Private Sub txtUpdate_Click(ByVal sender As System.Object, ByVal e As System.EventArgs) Handles
txtUpdate.Click
        '取当前数据的行号
        Dim i As Integer = dgvCustomer.CurrentRow.Index
        '定义数据行指向当前记录
        Dim row As DataRow
```

```
        row = ds.Tables("Customer").Rows(i)
        '更新当前记录
        row.BeginEdit()
        row("姓名") = txtName.Text
        row("性别") = cbSex.Text
        row.EndEdit()
        '更新数据适配器，将数据更新至数据库
        Try
            da.Update(ds， "customer")
            MsgBox("修改成功！")
            dgvCustomer.Refresh()
        Catch ex As Exception
            MsgBox(ex)
        End Try
    End Sub
```

(7) 添加“关闭”按钮的单击事件命令。在关闭窗体的同时，也要把在窗体加载事件中打开的数据库连接关闭。

```
    Private Sub btnCanel_Click(ByVal sender As System.Object， ByVal e As System.EventArgs) Handles
btnCanel.Click
            conn.Close()
            Me.Close()
    End Sub
```

(8) 将项目的启动窗体设为“客人信息修改”，运行窗体，测试查询功能。数据表格中显示所有用户的信息，通过导航可查看每一条记录，如图 5-62 所示。

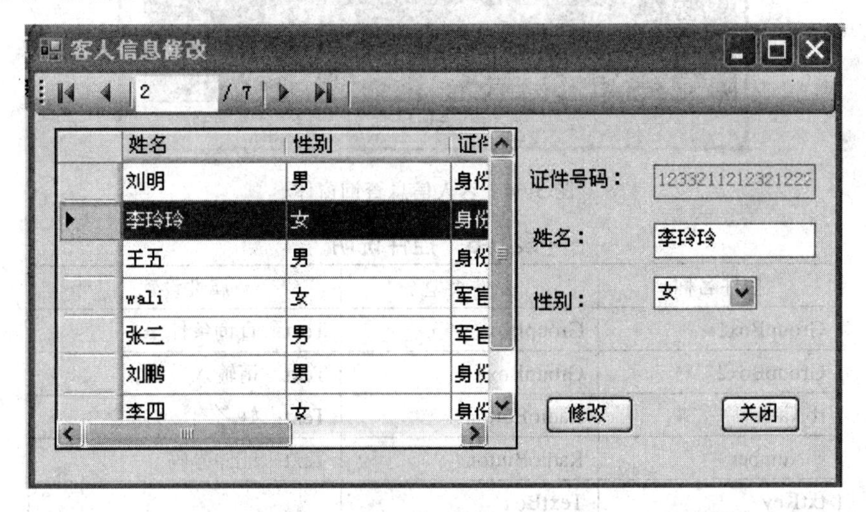

图 5-62　客人信息修改窗体运行

(9) 选中要修改的记录，更改其姓名或性别后，点击“修改”按钮，提示修改成功，即可在数据表格中看到修改后的记录，如图 5-63 所示。

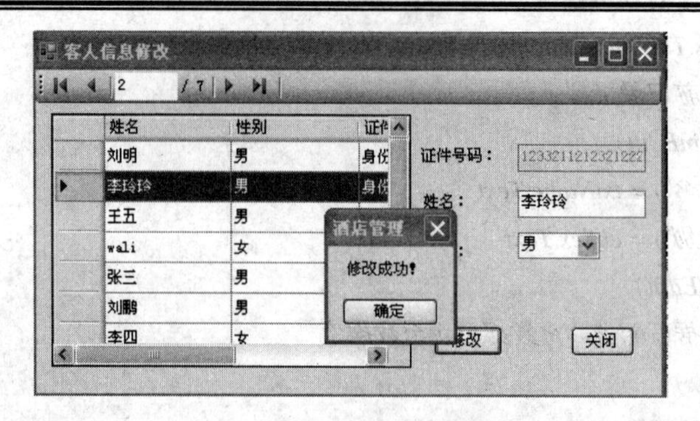

图 5-63 修改客人信息

任务 5-10 创建客人信息查询窗体

任务分析

客人信息查询窗体的功能是根据姓名或证件号码查询出客人的姓名、性别以及他在本酒店的入住记录。

步骤

(1) 新建一个窗体，命名为“客人信息查询”，窗体界面布局如图 5-64 所示，窗体中各控件的说明见表 5-6。

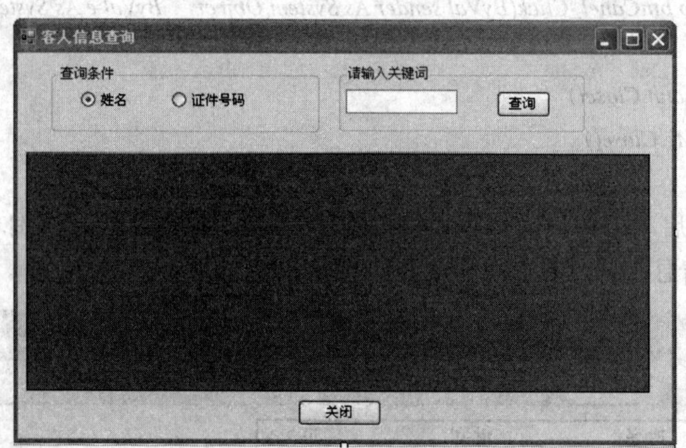

图 5-64 客人信息查询窗体

表 5-6 控件说明

控件名称	控件类型	属性设置
GroupBox1	GroupBox	Text：查询条件
GroupBox2	GroupBox	Text：请输入关键词
rbName	RadioButton	Text：姓名
rbNumber	RadioButton	Text：证件号码
txtKey	TextBox	
dgvCustomer	DataGridView	
btnQuery	Button	Text：查询

(2) 添加引用和公共变量。

```
Imports System.Data.SqlClient
Public Class 客人信息查询
    '定义数据库连接
    Dim conn As New SqlConnection("Data Source=127.0.01； Initial Catalog=酒店管理； user id=sa； password=123； ")
    '定义数据适配器
    Dim da As SqlDataAdapter = New SqlDataAdapter()
    '定义数据集
    Dim ds As DataSet = New DataSet()
```

(3) 编写“查询”按钮的单击事件命令。点击“查询”按钮，可以根据选择的查询条件和查询关键词查找到相应客人的入住信息。

```
Private Sub btnQuery_Click(ByVal sender As System.Object， ByVal e As System.EventArgs) Handles btnQuery.Click
        '设置查询命令属性
        da.SelectCommand = New SqlCommand
        da.SelectCommand.Connection = conn
        '判断查询条件
        If rbName.Checked = True Then
            '根据姓名查询
            da.SelectCommand.CommandText = "select 房号，入住日期，退房日期 from 客人信息表，入住信息表 " & _
                                "where 客人信息表.证件号码=入住信息表.证件号码" & _
                                " and 姓名 like '%" + txtKey.Text + "%'"
        Else
            '根据证件号码查询
            da.SelectCommand.CommandText = "select 房号，入住日期，退房日期 from 客人信息表，入住信息表 " & _
                                "where 客人信息表.证件号码=入住信息表.证件号码" & _
                                "and 客人信息表.证件号码='"+txtKey.Text + "'"
        End If
        '打开数据库连接
        ds.Clear()
        '填充 DataSet 对象
        da.Fill(ds， "customer")
        '绑定数据表格显示查询结果
        dgvCustomer.DataSource = ds
        dgvCustomer.DataMember = ds.Tables("customer").TableName
End Sub
```

(4) 编写“关闭”按钮单击事件的命令。

```
Private Sub btnCancel_Click(ByVal sender As System.Object，ByVal e As System.EventArgs) Handles btnCancel.Click
    Me.Close()
End Sub
```

(5) 将项目的启动窗体设为“客人信息查询”，运行窗体，测试查询功能。选择“姓名”或“证件号码”，输入查询关键词，即可查询到相应结果。

按“姓名”查询，如图 5-65 所示。

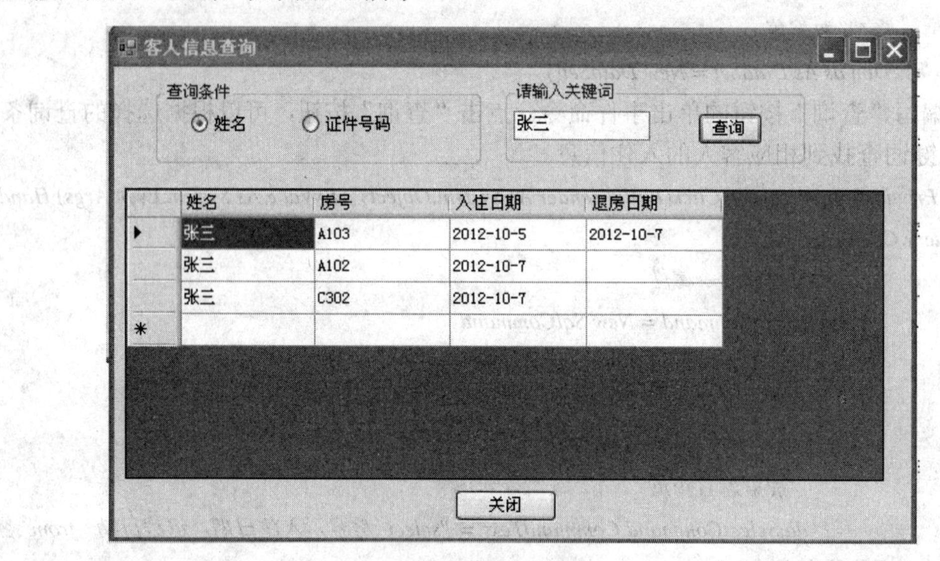

图 5-65　查询结果 1

按“证件号码”查询，如图 5-66 所示。

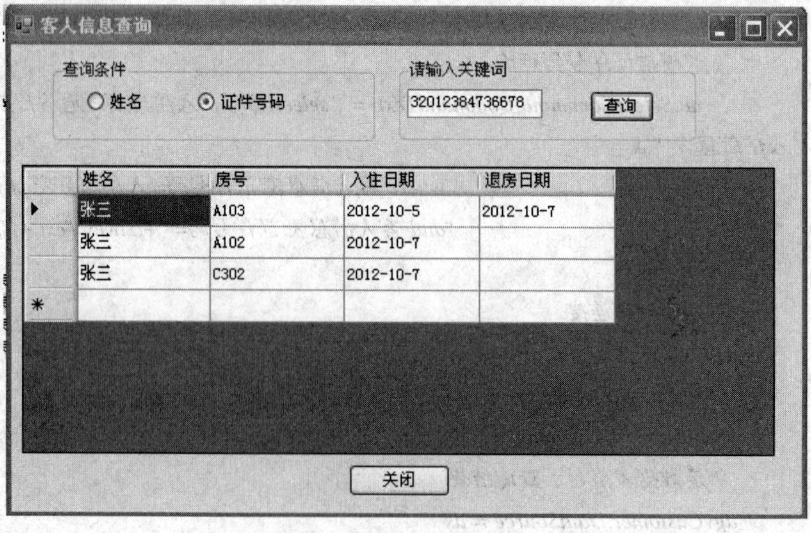

图 5-66　查询结果 2

任务 5-11　完成酒店管理系统并发布

任务分析

应用程序完成后，可以将数据库迁移到其他目标机器。应用程序通过发布，可以生成应用程序安装包。在没有 VS 2008 的环境下，通过安装包安装到目标机器中，应用程序也可以正常运行。当然目标服务器必须安装 SQL Server 2005 软件。

任务 1：数据库的分离和附加

任务分析

数据库需要迁移至其他目标机器或数据库服务器，可以采用数据库备份还原的方式，也可以采用分离和附加的方式。数据库的分离是指将数据库从 SQL Server 2005 实例中删除，但要保持组成该数据库及其中的对象、数据文件和事务日志文件完好无损。而后通过附加将这些数据文件添加到任何 SQL Server 2005 实例上，以提供数据支持。数据库的分离和附加是较常用的一种迁移数据库的方法。下面介绍数据库的分离和附加的操作方法。

步骤

(1) 分离数据库。打开 Microsoft SQL Server Management Studio Express，展开数据库节点，选中“酒店管理”数据库。右键点击快捷菜单，选择“任务”→“分离”，打开“分离数据库”对话框，检查要分离的数据库信息，点击“确定”按钮，如图 5-67 所示。

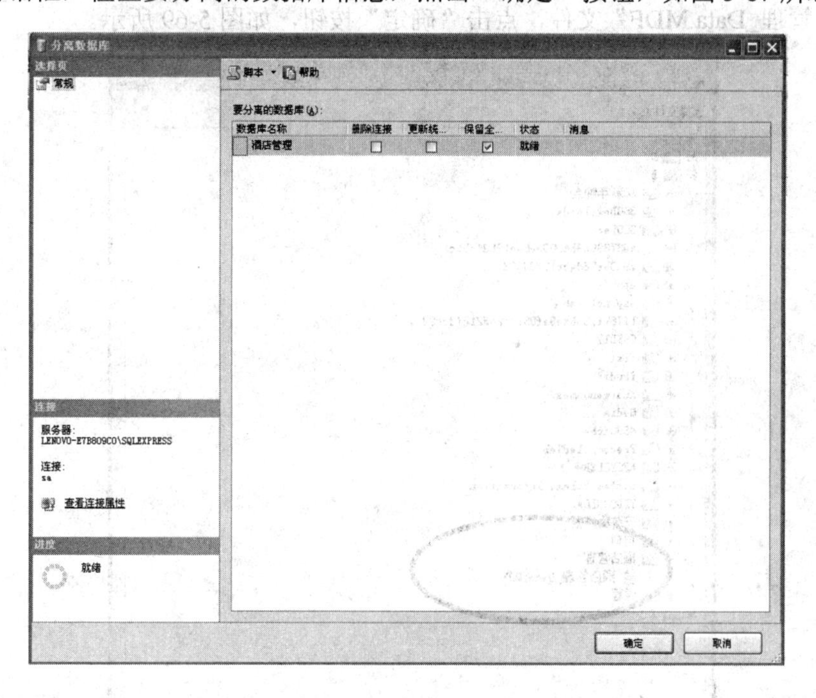

图 5-67　分离数据库

此时在数据库节点下就看不到“酒店管理”数据库了，意味着已在服务器端删除了“酒店管理”数据库的实例，服务器和数据库文件的连接已断开。

(2) 附加数据库。选中数据库节点，鼠标右键点击“快捷菜单”，然后点击“附加”，将会打开“附加数据库”对话框，如图 5-68 所示。

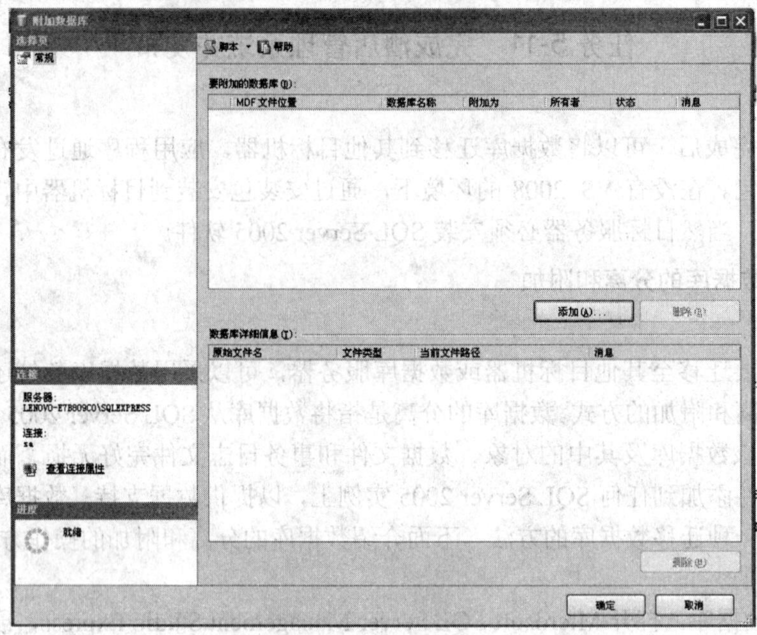

图 5-68 附加数据库

(3) 点击“添加”按钮，打开“定位数据库文件”对话框。选择数据库文件所在位置，选中“酒店管理_Data.MDF”文件，点击“确定”按钮，如图 5-69 所示。

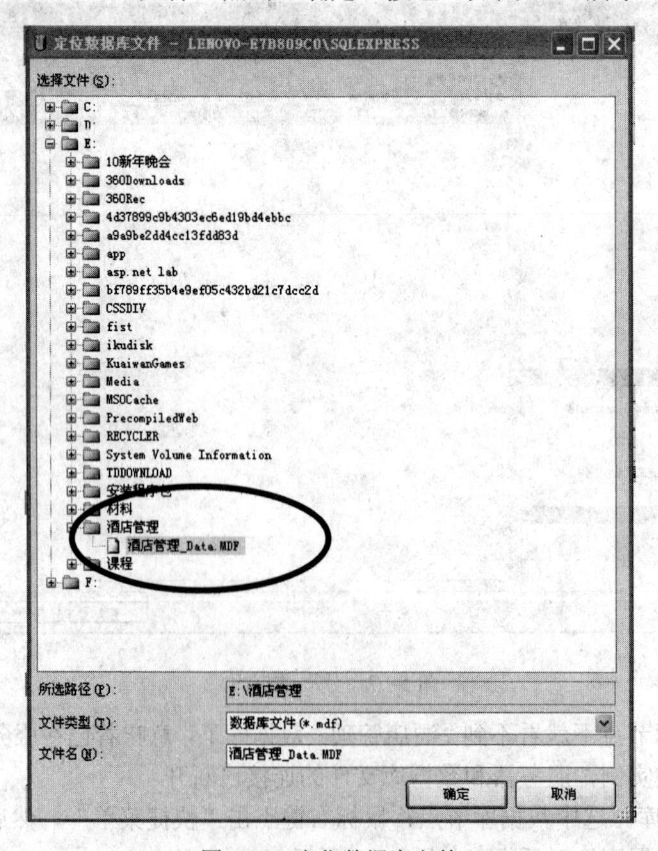

图 5-69 定位数据库文件

(4) 确定附加后，在数据库节点下可以看到附加的数据库信息。

任务 2：发布应用程序

任务分析

设计完成的全部程序文件，若要能够安装在客户的机器上正常运行，需要生成项目的可执行文件，也就是安装文件。用户只要运行安装文件，就可以在机器上自动生成“酒店管理系统”的应用程序。

步骤

(1) 将项目的启动窗体设置为“首页”。

(2) 在 D 盘上创建一个文件夹，命名为“程序发布”。选择“生成”菜单→“清理解决方案”。

(3) 选择“生成”→“发布酒店管理”，弹出如图 5-70 对话框，“指定发布此应用程序的位置”选择步骤(②)中建立的文件夹，点击“下一步”按钮。

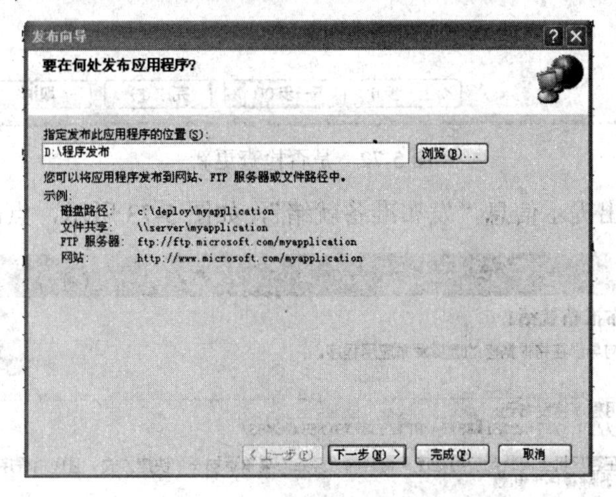

图 5-70　发布应用程序位置

(4) 安装应用程序。选择“从 CD-ROM 或 DVD-ROM(C)”一栏，如图 5-71 所示，点击“下一步”按钮。

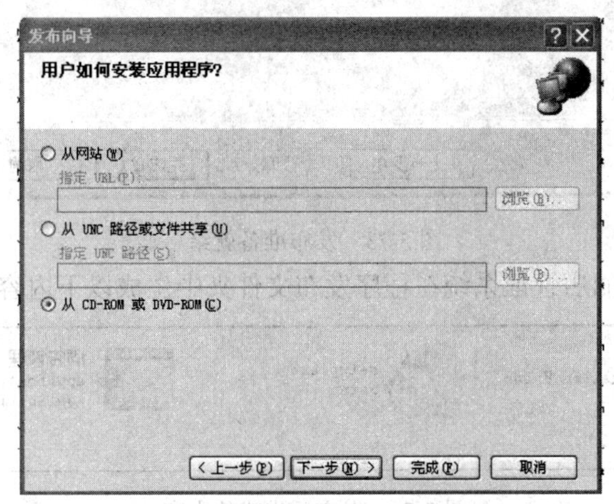

图 5-71　如何安装应用程序

(5) 应用程序检查更新。选择“该应用程序将不检查更新(H)”一栏，如图 5-72 所示，点击“下一步”按钮。

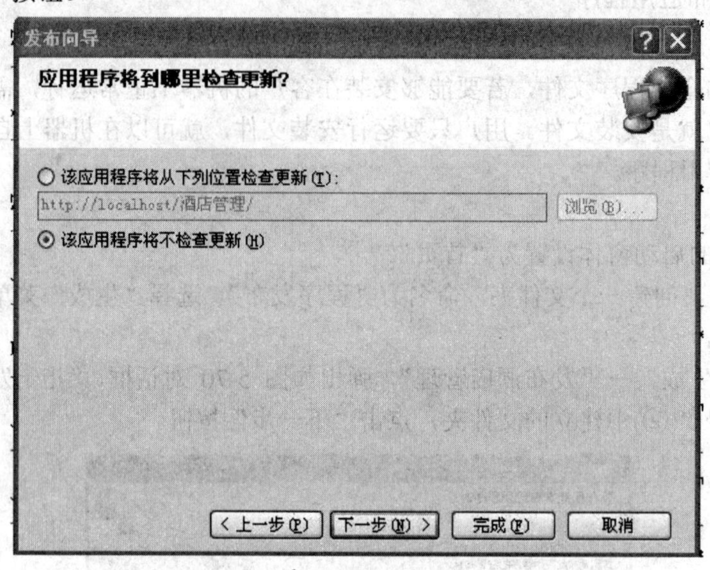

图 5-72　是否检查更新

(6) 界面将会弹出提示信息“发布准备就绪”，如图 5-73 所示，点击“完成”按钮。

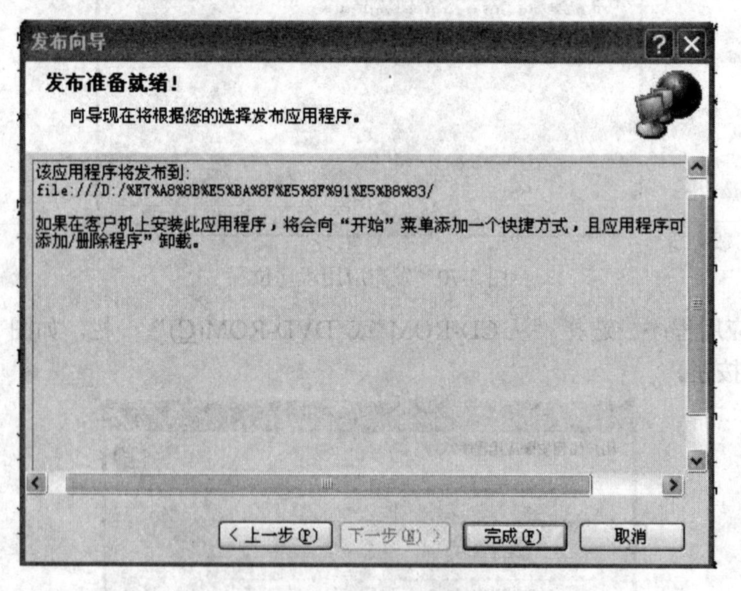

图 5-73　发布准备就绪

(7) VS 2008 将为酒店管理系统在程序发布文件夹中生成以下内容，如图 5-74 所示。

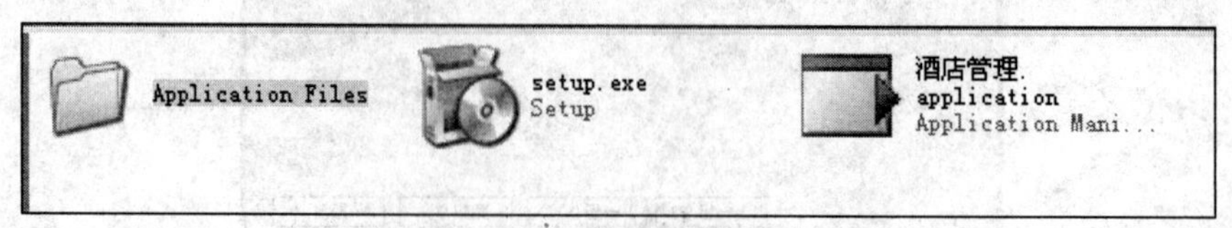

图 5-74　发布后生成的内容

(8) 双击“setup.exe”图标，即可将酒店管理系统安装至所在电脑上。可能会出现安全警告信息提示，如图 5-75 所示。

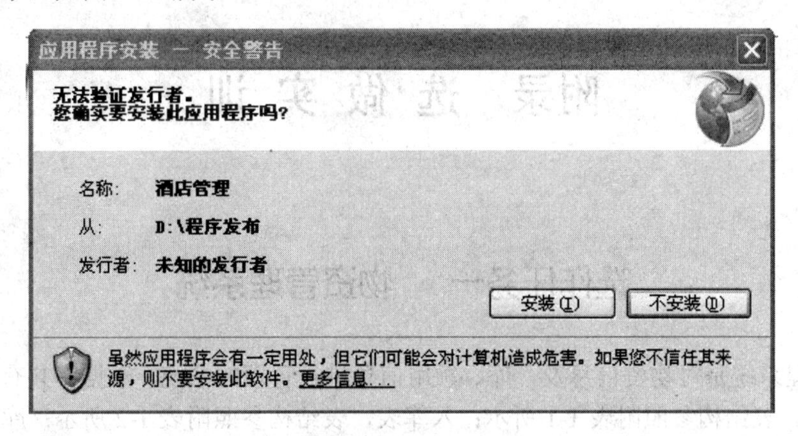

图 5-75　安全警告

(9) 安装完成后，即可选择在“开始”→“程序”中运行该酒店管理系统了。

附录 选 做 实 训

选作任务一 物资管理系统

物资管理系统是对物资信息及入库、领用信息进行管理的系统。数据库共有四张表，分别为物资表，表结构参照附表 1-1 所示；入库表，表结构参照附表 1-2 所示；库存表，表结构参照附表 1-3 所示；领用表，表结构参照附表 1-4 所示。

附表 1-1 物 资 表

列 名	数据类型	备 注
wzid	varchar	物资代码
wzname	varchar	物资名称
wzspec	varchar	物资规格
wzkind	varchar	物资类型

附表 1-2 入 库 表

列 名	数据类型	备 注
wzid	varchar	物资代码
rkaccount	int	入库数量
rkprice	int	入库单价
rkdate	datetime	入库日期
rkperson	varchar	入库经办人

附表 1-3 库 存 表

列 名	数据类型	备 注
wzid	varchar	物资代码
kcaccount	int	库存数量

附表 1-4 领 用 表

列 名	数据类型	备 注
wzid	varchar	物资代码
lyaccount	int	领用数量
lydate	datetime	领用日期
lyperson	varchar	领用人

系统设计要求：

(1) 实现对物资表的增删改管理。

(2) 实现物资入库管理：只有物资表中登记的物资才能入库。入库时不但入库表要增加新数据，而且库存表中若已有该物资则相对应库存数量也要增加，否则直接在库存表中添加新数据。

(3) 实现物资领用管理：只有库存表里登记的物资才可以进行领用。领用时不但领用表要增加新数据，而且同时库存表中的相对应物资量要减少，当减少到零时应从库存表中删除该物资的所有信息。

(4) 能够对物资的库存进行查找。

提示：

SQL Server 2005 中插入 datetime 型数据，要在日期前后加单引号。例如，从 text1 中输入日期(输入格式是 yyyy-mm-dd)，插入到 S 表中的 LD 字段中，SQL 语句如下：

mysql="insert into s(LD) values ('" & Text1.text & "')"

若是插入当前日期，则 SQL 语句为：

mysql="insert into s (LD) values ('" & date & "')"

选作任务二 图书管理系统

图书管理系统是对图书的信息以及借阅情况进行记录的系统。数据库共有四张表，分别是存放图书的 Books 表，表结构参照附表 2-1 所示；存放借阅信息的 Borrowinfo 表，表结构参照附表 2-2 所示；存放书籍类型的 Booktype 表，表结构参照附表 2-3 所示；存放读者信息的 Readers 表，表结构参照附表 2-4 所示。

附表 2-1 Books 表

列 名	数据类型	备 注
bookid	varchar	书籍代码
bookname	varchar	书籍名称
bookauthor	varchar	作者
bookpub	varchar	出版社
bookpubdate	datetime	出版日期
booktype	varchar	书籍类型
ISDN	varchar	ISDN 号
account	int	库存数量

附表 2-2 Borrowinfo 表

列 名	数据类型	备 注
bookid	varchar	书籍代码
readerid	varchar	读者代码
borrowdate	datetime	借阅日期
returndate	datetime	归还日期

附表 2-3 Booktype 表

列 名	数据类型	备 注
booktypeno	varchar	类型编号
booktype	varchar	书籍类型
keyword	varchar	关键词

附表 2-4 Readers

列 名	数据类型	备 注
readerid	varchar	读者代码
readername	varchar	读者名称
readersex	varchar	性别
address	varchar	地址
email	varchar	Email
checkdate	datetime	登记日期
typeno	varchar	类型代码

系统设计要求：

(1) 实现对 Booktype 表的增、删、改管理。

(2) 实现对书籍信息管理：Books 表中进行书籍的入库或报废。

(3) 实现对读者信息管理：Readers 表中进行读者的登记或注销。

(4) 实现借阅登记管理：只有登记过的读者才能借书，只有库存量大于零的书才能被借出。Borrowinfo 表中添加新的借阅信息，归还日期一栏为空，同时 Books 表中应减少对应的库存量。

(5) 实现还书登记：还书时除了在 Borrowinfo 表中添加归还日期，还应在 Books 表中增加库存量。

提示：

在 SQL Server 2005 软件中插入 datetime 型数据，要在日期前后加单引号。取当前日期的函数是 date。例 S 表的 LD 字段插入当前日期的 SQL 命令如下：

```
mysql="insert into   s(LD)   values ('" &   date & "')"
```

选作任务三　商品销售及客户管理系统

商品销售系统是对商品销售情况及客户信息进行管理的系统。数据库共有三张表，分别是商品信息表，表结构参照附表 3-1 所示；销售信息表，表结构参照附表 3-2 所示；客户信息表，表结构参照附表 3-3 所示。

附表 3-1　商品信息表

列　名	数据类型
商品代码	varchar
商品名称	varchar
商品规格	varchar
商品种类	varchar
单价	int
库存量	int

附表 3-2　销售信息表

列　名	数据类型
商品代码	varchar
客户代码	varchar
销售数量	int
操作员	varchar
销售日期	datetime

附表 3-3　客户信息表

列　名	数据类型
客户代码	varchar
客户名称	varchar
身份证号码	int
地址	varchar
联系电话	varchar

系统设计要求：

(1) 实现商品管理：在商品信息表中可以进行商品的入库操作和商品信息的修改。

(2) 实现销售信息的管理：销售过程中，销售信息表添加新数据，销售日期应自动为当前日期；同时商品信息表中相应的商品库存量要减少。当库存量减少到零时应从商品信息表中删除该商品信息。

(3) 实现客户信息的管理：可进行客户信息表的增删改操作。

(4) 能够进行销售信息的查询：商品销售情况查询或客户购买信息查询。

提示：

在 SQL Server 2005 软件中插入 datetime 型数据，要在日期前后加单引号。取当前日期的函数是 date。例 S 表的 LD 字段插入当前日期的 SQL 命令如下：

```
mysql="insert into   s(LD)   values ('" &   date & "')"
```

参考文献

[1] 孙振坤，沈雯漪，刘友霖. 数据库原理与应用. 南京：南京大学出版社，2009
[2] 吴伶琳，杨正校. SQL Server 2005 数据库基础. 大连：大连理工大学出版，2011
[3] 江红，余青松. VB.NET 程序设计. 北京：清华大学出版社，2011
[4] 孙继红. SQL Server 2005 数据库原理及应用. 北京：国防工业出版社，2012
[5] 夏耘. 程序设计与实践(VB.NET). 北京：电子工业出版社，2012